ANJA WEIERSHAUSEN

Populäre Irrtümer über Hunde

ANJA WEIERSHAUSEN

Populäre Irrtümer über Hunde

Von kalten Schnauzen, bunten Hunden und des Pudels Kern

KOSMOS

Inhalt

Liebe Hundefreundin, lieber Hundefreund!

„Der tut nix, der will nur spielen!" Dieser Spruch ist gerade auf die Entfernung ziemlich populär bei Hunden mit Zweibeinern im Schlepptau. Dann wedelt der Hund mit dem Schwanz und man geht davon aus, er habe nur Gutes im Sinn. Sicher ist, dass der Hund als Wetterexperte Erfahrung hat – während er genüsslich eine Portion Gras verspeist, naht der Regen. Hoffentlich ist der Schirm nicht weit. Aber das Alter des Hundes ist im Vergleich zum Menschen eine klare Angelegenheit: Ein Hundejahr sind sieben Menschenjahre, das steht fest. 5,3 Millionen Hunde können nicht irren! Aber deren Menschen, denn Irren ist menschlich.
Mythen entwickeln im Laufe der Zeit einen hohen Wahrheitsgehalt. Sind Legenden einmal in die Welt gesetzt, verbreiten sie sich wie ein Lauffeuer – so wie der feste Glauben daran. Das enge Zusammenleben von Mensch und Hund zeigt nicht nur eine große Vertrautheit zwischen beiden, sondern auch eine ganz individuelle Geschichte. So individuell und einzigartig wie die Menschen sind ihre Hunde. Fünfzehntausend Jahre Domestikationsgeschichte des Hundes zeigen heute einen Hund *(Canis lupus f. familiaris)* in allen Farben und Formen, der sich an ein Leben mit dem Zweibeiner angepasst hat. Dabei ist auch heute noch die Zahl der Missverständnisse zwischen Mensch und Hund groß, und häufig werden Verhaltensweisen gegenseitig falsch verstanden. Die Anforderungen und Ansprüche an Hund und Halter sind hoch.
„Populäre Irrtümer über Hunde" möchte verbreitete Meinungen

über Hunde hinterfragen und erläutern. Es soll ein Querschnitt durch die verschiedenen Aspekte der Hundewelt gezeigt werden, wobei jede Erklärung von wissenschaftlichen Erkenntnissen untermauert wird, die zum Zeitpunkt der Erstellung Gültigkeit hatten. Eine Brücke zwischen Wissenschaft und Hundealltag, ein Exkurs in die Praxis, der zu einem noch besseren Verständnis beitragen möchte.

Da auch in der Wissenschaft unterschiedliche Meinungen vorherrschen, orientieren sich die Erläuterungen an den Meinungen, Forschungsergebnissen und Erfahrungen von anerkannten Ethologen, Genetikern, Biologen, Wolfs- und Hundeforschern, Hundetrainern, Verhaltensberatern oder Veterinärmedizinern. Dank vieler Wissenschaftler und Praktiker ist es möglich geworden, das verborgene, unbekannte und oft missverstandene Verhalten des Hundes in Ansätzen zu erklären. Dennoch sind auch heute noch viele Fragen offen, und der Hund birgt das eine oder andere Geheimnis über sein Denken und Fühlen.

Der Hund sei ein „Spiegelbild des Menschen“, sagte Dr. Erik Zimen, und so ist der Hund vielleicht doch ein wenig Mensch.

Für ein harmonisches Miteinander!

Anja Weiershausen

Man kann auch ohne Hunde leben, aber es lohnt sich nicht.

HEINZ RÜHMANN

Der Anfang von allem

Hunde stammen vom Dingo ab

Der Dingo ist über viele Kontinente hinweg bekannt „wie ein bunter Hund", da wundert es kaum, dass oft angenommen wird, er sei der eigentliche Stammvater unserer Hunde. Man kennt ihn als das wilde Tier Australiens, Partner der Aboriginees oder räuberischen Schafsjäger. Er hat eine robuste, zähe und eigenständige Persönlichkeit. Der Dingo ist zahm und trotzdem wild und bewahrt noch das eine oder andere Geheimnis.

Aber bei all den Mythen, die sich um den Dingo ranken, ist er eindeutig ein Haushund, der verwildert ist, nicht mehr und nicht weniger. Er ist kein Stammvater unserer Haushunde: „Dingos werden oft fälschlicherweise als Wildhunde oder gar als Stammväter von Haushunden bzw. als eigene Wildart dargestellt", erläutert Dr. Dorit Feddersen-Petersen. „Sie sind aber nichts anderes als verwilderte Haushunde, ob sie nun aus Australien oder Neuguinea kommen."

Mit dem eindrucksvollen wissenschaftlichen Namen *Canis lupus dingo* macht der Dingo seine familiären Verhältnisse deutlich – er gehört zur Familie der Hunde (wissenschaftlich *Canidae*) und zur biologischen Art Wolf *(Canis lupus)*. Neueste wissenschaftliche Vergleiche mitochondrialer DNA belegen den Ursprung der australischen Dingos durch die Verbindung eines Liebespaares aus südostasiatischen Pariahunden. So war der Dingo zuerst in Asien zu Hause und wurde vermutlich in Thailand vor über 10.000 Jahren domestiziert. Er ist dort heute noch in weiten Teilen verbreitet, mit den

Unterarten Thai Dingo, Vietnam Dingo, Indonesischer Dingo und New Guinea Dingo, der aber eher halb verwildert bei den Stämmen der Papuas lebt.

Vor ca. 4.000 Jahren wurde der heutige Australische Dingo als Begleiter der Einwanderer auf dem Kontinent Australien eingeführt. Dort verwilderten die eingeführten Hunde aber relativ schnell, da sie in der Wildnis keine direkten Feinde zu fürchten hatten und durch das gute Nahrungsangebot unabhängig von der Versorgung durch den Menschen waren.

Einige Ureinwohner Australiens leben heute noch eng mit Dingos zusammen, die sie bei der Jagd auf Kaninchen oder Kängurus unterstützen. Angepasst an das Leben auf dem australischen Kontinent, ist der Dingo nach wie vor nicht wählerisch mit seinem Wohnort und ist in Wäldern, im Grasland oder in der Wüste des Outbacks heimisch. Es ist auch manchmal zu beobachten, dass er sich menschlichen Siedlungen nähert, um Abfall oder Aas in seinen Speiseplan aufzunehmen, eben wie ein echter wilder Haushund mit „Dauerfreigang".

Der Hund hat viele Urväter

Die große Vielfalt der Hunderassen, die enormen Unterschiede in Größe, Farbe, Form und Charakter führten immer wieder zu Diskussionen über die Herkunft unserer heutigen Haushunde.

Schaut man sich einen Chihuahua neben einem Mastino an, so kann man die direkte Verwandtschaft nicht so recht glauben. Es liegt nahe, unterschiedliche Urväter für die Entwicklung unseres vielgestaltigen Hundes *(Canis lupus f. familiaris)* heranzuziehen. Die Unterschiede sind doch zu gravierend, glaubt man – aber diese weitverbreitete Annahme ist falsch, es gibt nur einen einzigen Stammvater.

„Neuere genetische Befunde verweisen übereinstimmend mit morphologischen, ethologischen und molekulargenetischen Befunden darauf, dass Wölfe und Hunde nah verwandt sind, und untermauern die Wölfe als die einzigen Vorfahren des Haushundes", so Dr. Dorit Feddersen-Petersen, Ethologin am Institut für Haustierkunde der Universität Kiel. Die Untersuchungen an archäologischen Funden bestätigen die Annahme, dass der Hund das unbestritten erste Haustier des Menschen war. Die moderne Populationsgenetik hat die DNA von Wölfen und Hunderassen verglichen und somit die Abstammung des Haushundes vom Wolf bestätigt. Der älteste Fund eines Haushundes ist ein Unterkiefer aus Oberkassel und ca. 15.000 Jahre alt. Die großen Variationen im Aussehen sind wahrscheinlich auf unterschiedliche Wolfsunterarten (Nordwolf und Südwolf) zurückzuführen, die angepasst an ihren Lebensraum in Farbe und Größe voneinander abweichen. Der indische Wolf *(Canis lupus pallipes)* wurde von Dr. Helmut Hemmer als eigentlicher Stammvater des Haushundes ermittelt. So kommt der Hund wahrscheinlich aus Ostasien. Amerikanische Forscher sehen hingegen den grauen Wolf *(Canis lupus lupus)* als Urvater an.

Um die Verwandtschaften und die genetische Zugehörigkeit unserer heutigen Hunderassen zum Wolf zu finden, ergab sich ein neues interessantes Forschungsfeld. Dabei konnten US-Forscher (Parker et al.) bei Tests an 85 verschiedenen Rassen überraschend feststellen, dass alle nicht-europäischen Rassen noch heute eng mit dem Wolf verwandt sind. Alle anderen Rassen gehen auf Kreuzungen bei der Entstehung der Rassen und auf spezielle Zuchtmethoden des früheren Europa zurück. Bei allem Forschungsfieber ist die Entstehung des „Hundes", die Domestikation, in ihren Anfängen umstritten und noch nicht restlos aufgeklärt. Die Zuordnung zum Vorfahren Wolf ist dagegen eindeutig möglich, egal ob indischer Wolf oder grauer Wolf. Übrigens, zu den Hunden, die dem Wolf genetisch am ähnlichsten sind, zählt der chinesische Shar-Pei – der Hund mit dem faltenreichen Gesicht und Körper. Über Ähnlichkeiten lässt sich jetzt streiten.

Domestikation bedeutet Zähmung

Domestikation und Zähmung werden immer in einem Atemzug genannt, auch beim Hund, dabei sind es zwei völlig unterschiedliche Prozesse. Ein wildes Tier dahingehend zu zähmen, dass es beispielsweise den Menschen nicht mehr beißt oder Kunststücke macht, ist für dieses Tier und dessen „Lehrmeister Mensch" möglich, damit ist das wilde Tier aber noch nicht domestiziert. Auch nicht, wenn man das Gleiche mit dem Nachwuchs dieses zahmen wilden Wesens macht. Die Domestizierung eines wilden Tieres setzt zwar die anfängliche Zähmung voraus, aber die Domestikation selbst ist ein langer Weg.

Das wird besonders deutlich, wenn man sich klarmacht, dass außer dem Hund die Katze als einziges Raubtier domestiziert wurde. Ansonsten sind es Schafe, Ziegen, Rinder oder Pferde, die dem Hausstand des Menschen angehören.

Der Domestikationsbeginn des Hundes liegt etwa 15.000 Jahre zurück, wobei es umstrittene Spekulationen gibt, die Zeitangaben machen zwischen 35.000–135.000 Jahren vor unserer Zeit.

Archäologische Funde konnten eindeutig nachweisen, dass die Domestikation des Hundes schon vor der menschlichen Sesshaftwerdung und Entwicklung von Ackerbau und Viehzucht lag. Das liegt ca. 10.000–12.000 Jahre zurück. Damit ist sicher, der Hund ist das erste domestizierte wilde Tier und das unbestritten erste Haustier des Menschen. Die große Zahl der Knochenfunde lässt annehmen, dass der Hund bereits damals ein beliebtes Haustier war.

Es zeigt, dass die Domestikation ein viele tausend Jahre währender Prozess ist, in dem eine genetische Veränderung stattfindet, die wiederum nichts mit Degeneration zu tun hat.

Der berühmte Verhaltensforscher Dr. Erik Zimen hat in einem Satz treffend die Domestikation beschrieben: „Domestikation ist demnach ein Prozess innerartlicher Veränderungen in einer ursprünglich wilden Population von Tieren und Pflanzen, wenn diese über viele Generationen genetisch isoliert von der Wildform zum Nutzen des Menschen im Hausstand gehalten wird."

Durch eine isolierte Haltung unter der Obhut des Menschen und eine gezielte Verpaarung und Aufzucht nach dessen Wünschen und Bedürfnissen wurde aus dem wilden Raubtier Wolf der Haushund geformt. Die unterschiedlichen Hunderassen entstanden als das Ergebnis von gezielten Verpaarungen, die vom Mensch zur Ausformung der gewünschten Merkmale bewusst geplant wurden.

Als Voraussetzung der Domestikation stand am Anfang die Zähmung: eine Annäherung von Mensch und Wolf und eine darauf folgende langsame Gewöhnung. Wer aber in dem langwierigen Prozess den ersten Schritt gemacht hat, ist noch nicht geklärt. Kam der Wolf zuerst zum Mensch oder der Mensch zum Wolf? Hier einige Spekulationen über den möglichen Beginn dieser langen Freundschaft im Schnelldurchgang:

Wolfswelpen wurden von Frauen mit Milch versorgt und großgezogen – Gemeinsame Jagd mit den Männern führten Mensch und Wolf zusammen – Haltung des Wolfes als Alarmanlage und zur Verteidigung – Funktion als Wärmespender oder ganz einfach als sozialer Partner. Vermutlich war für die erfolgreiche Annäherung eine Symbiose zwischen Wolf und Mensch Vorraussetzung, jeder profitierte vom anderen, und so konnte eine langwährende Verbindung eingegangen werden. Den nächsten tausend Jahren steht so hoffentlich nichts im Wege.

Wölfe heulen bei Vollmond

Der Bekanntheitsgrad dieses Gerüchtes liegt sicher bei 100 %. Jeder hat schon einmal Wölfe gesehen, die vor einem Vollmond heulen. Aber bestimmt nicht *in natura*, sondern mitten in unserem täglichen medialen Leben auf stilisierten Werbeplakaten, in Anzeigen, Zeitungsartikeln oder Broschüren.

In Wahrheit wäre es nämlich ein ziemlich glücklicher Zufall, so etwas beobachten zu können, zumal Wölfe in unseren Regionen eine absolute Rarität sind. Nur in Sachsen gibt es zur Zeit ein paar wenige Exemplare, und zudem sind sie so scheu, dass der Augenblick wohl nur von kurzer Dauer wäre. Weiter kann man dem Gerücht „Wölfe heulen bei Vollmond" keinen Glauben schenken, da der runde gelbe Mond unwichtig ist für das Auslösen des durchdringenden Heulens der Vorfahren unserer Hunde. Auch einen Zusammenhang von Mondphasen und „Heulhäufigkeit" konnte nie festgestellt werden.

Wölfe heulen mit einem langgezogenen und melodisch klingenden Uhuu-Laut, der beim Ausblasen der Luft durch nach vorne gezogene Lippen bei etwas geöffnetem Maul entsteht. Der Kopf geht dabei in die Höhe und verteilt den langanhaltenden Ton bis zu 20 Sekunden, es folgt ein kurzes Einatmen und schon geht's weiter mit der nächsten Strophe. So wird dann minuten- und bei einzelnen Wölfen sogar stundenlang geheult. Wenn ein Tier mit dem Konzert angefangen hat, ist der Rest des Rudels nicht mehr zu halten. Nicht nur einzelne Tiere heulen, es ist so ansteckend, dass ganze Gruppen im sogenannten „Chorheulen" gemeinsam „singen".

Dieses ausdrucksstarke und sehr individuelle Heulen hat viele wichtige Funktionen. Es dient der Kommunikation der Wölfe zur Erkennung eines Rudelmitglieds oder eines Fremden. Ebenfalls eine große Rolle spielt es als territoriale Abgrenzung, bei der Bildung eines neuen Rudels oder bei der Suche nach einem geeigneten Partner. Im Sinne eines Dialoges wird damit bei Trennungssituationen oder in Gefangenschaft Kontakt zum Rudel oder Partner aufgenommen. Der Heulton vermittelt dabei die Stimmungs- und Ortslage. Der Wolfsforscher Dr. Erik Zimen berichtet vom Chorheulen als

einem regelmäßigen Rudelzeremoniell, bei dem alle Rudelmitglieder nach einer längeren Ruhepause zusammenkommen, ihre Körper aneinanderreiben, winseln und einer nach dem anderen beginnen zu heulen, bis sie gemeinsam einen Chor bilden. Die Gruppe stärkt damit soziale Bindungen und macht eine Bestandsaufnahme der aktuellen Rangordnungsverhältnisse. In freundlicher, manchmal aufgeregter Stimmung sind diese Zeremonien am Abend vor dem Aufbruch zur Jagd zu hören. Alle Mitglieder stimmen sich so auf die gemeinsame Aktivität ein und fördern die Kooperation sowie das Zusammengehörigkeitsgefühl. Auch Haushunde, die in Gruppen leben, zeigen das Chorheulen als Zeichen einer freundlichen Atmosphäre untereinander.

Wer hat Angst vorm bösen Wolf?

Der Wolf steht im Mittelpunkt von Märchen, Legenden, Mythen und falschen Sensationsmeldungen. Er beflügelte schon einige literarische Erzähler, ihn zur Bestie zu machen und ihn als hinterhältig, tückisch und blutrünstig agieren zu lassen. Nicht nur in „Rotkäppchen" verbreitet der Wolf Angst und Schrecken. Selbst die geläufige Redewendung „ein Wolf im Schafspelz" bedeutet nichts anderes, als „sich harmlos zu geben, aber böse, heimtückische Absichten zu haben". Die Herkunft des Spruches geht bereits auf das Matthäusevangelium im Neuen Testament zurück. Sicher waren Wölfe und Menschen früher einmal Nahrungskonkurrenten und kamen sich dabei ins Gehege, aber der Wolf greift nicht ohne Not Menschen an.

Es ist eher der Ausrottungsfeldzug des Menschen gewesen, der über viele hundert Jahre hinweg den Wolf zu einem scheuen Gesellen gemacht hat. Heute ist der Wolf in der Europäischen Union streng geschützt, und das Image wird mit großem Engagement verbessert. Nachdem der letzte deutsche Wolf 1904 in Sachsen erschossen wurde, gelang seit 1998 nur die Wiederansiedelung von polnischen Wölfen in der Oberlausitz.

Wölfe leben als Einzeltiere oder im sozial strukturierten Familienverband. Sie ernähren sich je nach Bedarf, Jahreszeit und Angebot, Einzeltier oder Gruppe von kleinen Säugern oder Huftieren, aber auch von Früchten, Insekten, Vögeln und Reptilien. Hausabfälle in der Nähe der menschlichen Zivilisation oder Haustiere, z. B. Schafe oder Ziegen, gehören auch dazu. Normalerweise sind nur wenige Haustiere betroffen, in den Abruzzen beispielsweise haben nur 4,1 % der Haustierbesitzer mehr als zwei Tiere verloren. Dabei sind Wölfe durchaus fähig, vier bis sieben Tiere, teilweise mehr, auf einmal zu töten, ohne sie alle fressen zu können.

Menschen stehen hingegen nicht auf dem Speiseplan. Auch wenn Wölfe sich gerne menschlichen Siedlungen nähern oder sie nachts durchqueren, sind sie doch sehr scheu und meiden in der Regel die Begegnung mit dem Menschen. Berichte über Angriffe von Wölfen gegen Menschen kommen vor allem aus Indien und Zentralasien. „In Europa und in Nordamerika jedoch sind kaum Verletzungen von Menschen durch Wölfe bekannt". (KORA) Bei einem einzigen Todesfall in Spanien konnte nie geklärt werden, ob die Verursacher Hunde oder Wölfe waren. Wenn Angriffe stattfinden, sind es häufig in die Enge getriebene oder tollwütige Tiere. In Kanada, wo über 60.000 Wölfe leben, ist kein einziger Fall bekannt, bei dem ein gesunder Wolf spontan einen Menschen angegriffen hätte. In Italien konnten sämtliche Gerüchte über Wolfsangriffe nicht bewiesen werden.

Hunde sind treu wie Gold Nein, im Gegenteil, unsere Hunde sind von der ganz „wilden" Sorte, wenn man sich anschaut, wie sie ihre Partnerschaften leben. Unkastrierte Hunderüden schauen nach jedem Rockzipfel! Es ist kein Weg zu weit, und sie sind nicht mehr aufzuhalten, wenn die Hundedamen läufig sind. Aber auch die Weiblichkeit unter den Hundevertretern hält es nicht so genau mit der Treue in der Beziehung. Wenn sie ihre „heiße Phase" haben, suchen sie sich das passende Gegenstück oder nehmen was vorbeikommt. Gut, von Vorlieben und speziellen Ausnahmen einmal abgesehen. Aber was soll da bei Wölfen anders sein? Nun, da gibt es ein paar wesentliche Unterschiede: Wölfe sind richtig treue Gesellen, sie leben monogam und führen eine Partnerschaft ein Leben lang.

Vorbildlich sind die Beziehungen der Leittiere, die von „Toleranz, Akzeptanz, Harmonie und einer engen Liebesbeziehung bestimmt" werden (Günther Bloch/Hans Räber). Dies macht bei der sozialen Familienstruktur sowohl für männliche als auch weibliche Tiere durchaus Sinn.

Der nächste große Unterschied zu den Hunden ist die saisonale Paarungszeit. Nicht nur die Wolfsweibchen haben eine begrenzte Verpaarungszeit zwischen Dezember und März, sondern auch die Wolfsrüden. Die Brunst des Wolfsrüden findet ebenfalls nur von Dezember bis März statt. Das kann man sich bei unseren „dauerbrünstigen" Haushundrüden kaum vorstellen! Dabei ist noch etwas Interessantes zu beobachten. Beim Wolfsrüden findet in dieser Zeit eine deutliche Vergrößerung des Hodens statt. Russische Forscher konnten „über den Gewichtsanstieg eines Hodens von 4,1 g im Januar auf 23 g im März bei dann doppelter Länge des Organs" berichten. Ab März sind die Wolfsrüden nicht mehr zeugungsfähig, die Spermaproduktion hört auf, und die Hoden werden wieder kleiner. Dann herrscht Ruhe bis zum nächsten Dezember, wenn der Kreislauf von vorne losgeht. Ab Mai wird der Nachwuchs gemeinsam großgezogen. Unsere Haushundweibchen werden in der Regel zweimal im Jahr, unabhängig von der Jahreszeit, läufig und damit paarungsbereit.

Eines haben übrigens Hund und Wolf gemeinsam: In beiden Fällen ergreifen die Weibchen häufiger die Initiative zur Partnerwahl und nicht die Rüden.

Hunde bellen wie Wölfe

Kaum zu glauben, aber das Gegenteil ist der Fall. Wölfe sind stillere Zeitgenossen, sie bellen so gut wie nie! Und wenn, dann nur in einer absoluten Not- oder Ausnahmesituation, um Jungtiere vor Gefahr zu warnen oder bei einem ernsthaften Kampfgeschehen.

Wenn man sich dann überlegt, was daraus im Zuge der Domestikation bei Hunden geworden ist! Eine recht erstaunliche und sehr differenzierte Mitteilungsmöglichkeit, die sich speziell den Anforderungen eines Zusammenlebens mit dem Menschen angepasst hat. Dabei reicht das ganze Spektrum des Bellens von einem Knurr-Bellen, Heul-Bellen oder Bell-Kombinationen aus Fiepen und Schreien bis hin zu einem kurzen dumpfen Wuffen. Die Tonlagen sind dabei sehr vielschichtig, rhythmisch oder periodisch und wechseln von hellen zu dunklen Tönen. Das kann auch schon einmal unangenehm sein, denn Bellen gehört zu den Impulstönen – die können bis 100 Dezibel laut sein, so laut wie die Musik in einer Diskothek. Es gab schon Fälle, in denen plötzlicher Hörverlust die Folge von einem Bellen direkt ins Ohr war. Aber was ist Bellen eigentlich? „Ein kluger Hund bellt nie ohne Grund" sagt ein französisches Sprichwort.

Klar ist, dass bellende Hunde sich verständigen – sie führen einen Dialog, wollen sich mitteilen und kommunizieren mit uns oder ihren Artgenossen. Die inhaltliche Bedeutung kann natürlich nur Spekulation sein: „Anständige Hunde bellen nicht – anständige Hunde kläffen, wenn sie etwas zu sagen haben", so der Aphoristiker Werner Mitsch. Im Zusammenleben mit dem Menschen drückt unser vierbeiniges Familienmitglied je nach Situation mit seinem Bellen unterschiedlich motivierte Stimmungen aus, das kann ein einfaches „Hallo" als Begrüßungslaut oder als Spielaufforderung sein, aber auch Schrecklaut und Drohlaut zur Verteidigung oder um Distanz aufzubauen und „Halt Dich fern!" zu sagen.

Der Wolfsrüde ist der Boss

Gerne bringen wir Führungsaufgaben mit männlichen Qualitäten in Verbindung. Das lässt sich leicht auf ein Wolfsrudel übertragen: Der „Chef" gibt den Ton an und trifft die Entscheidungen, er geht als Erster vorneweg und verteidigt seine Untergebenen gegen Feinde. In Wahrheit ist der Wolfsrüde nicht der alleinige Herrscher im Rudel und läuft auch nicht immer an vorderster Front.

Ein Wolfsrudel hat eine soziale Hierarchie in einem stabilen Familienverband. Zwei erwachsene Tiere und deren Nachwuchs bilden die gesamte Wolfsgruppe. Dabei hat der Alpharüde in dieser Gruppe eine nicht zu unterschätzende Aufgabe, er muss „Kopf und Kragen" riskieren, wenn Gefahr im Anmarsch ist. Um die Familie zu schützen, läuft er dann voraus und gibt die Marschrichtung vor. Er ist der Beschützer der Familie und sorgt für eine freundliche und friedliche Stimmung, das stärkt das Gemeinschaftsgefühl und den Zusammenhalt.

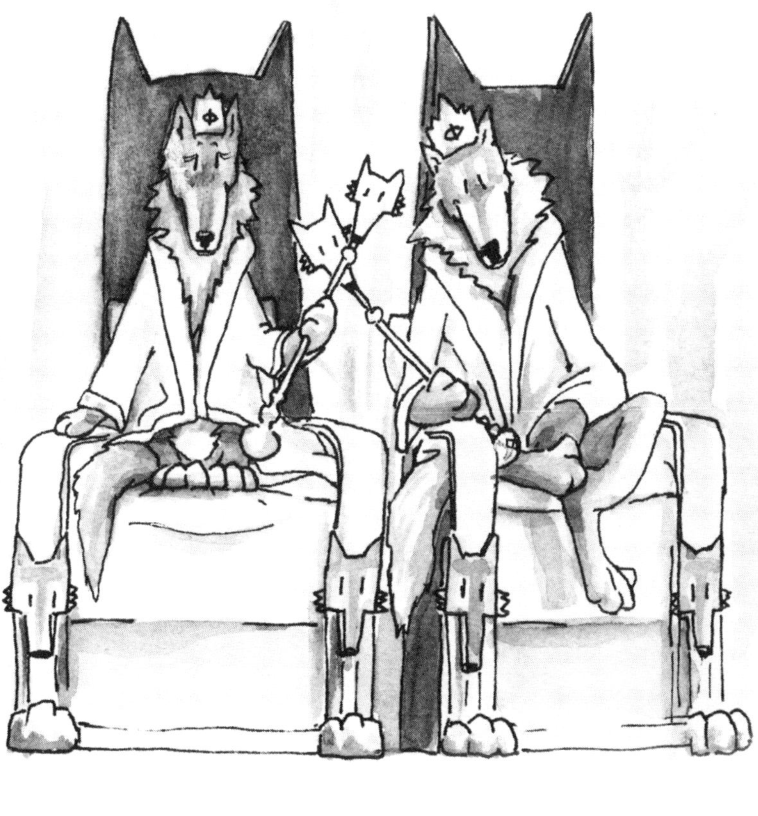

Aber er ist nicht allein – das Alphaweibchen, die Wolfsfähe, übernimmt den zweiten wichtigen Teil. Sie ist für den Nachwuchs zuständig und entscheidet alleine, welche Höhle sie für ihre Nachkommen bevorzugt, und führt bei der Suche nach dem geeigneten Quartier die Truppe an. So gibt es von den Leittieren ausgehend zwei Rangordnungen: eine für die Rüden und eine für die Weibchen. Ein Rudelverhalten oder eine Rangordnung ist dabei nicht starr, sondern wird von vielen Zweierbeziehungen getragen, die das Verhalten innerhalb der Gruppe beeinflussen. Insgesamt ist das Rudel demnach ein komplexes Beziehungsgeflecht, dessen erwachsene Elterntiere die Basis bilden.

Der Hund wie er leibt und lebt

Wedelnde Hunde freuen sich Hunde, sagt man, sind die besseren Menschen. Wie wahr, glaubt man den überschwänglichen Begrüßungszeremonien mit dem freudigen Schwanzwedeln unserer Vierbeiner.

„Mit einem kurzen Schwanzwedeln kann ein Hund mehr Gefühl ausdrücken als mancher Mensch mit stundenlangem Gerede“, das hat Louis Armstrong gut erkannt, denn das wilde Wackeln mit der Rute ist nicht nur eine temperamentvolle Begrüßung, sondern ein äußerst vielschichtiges Stimmungsbarometer der großen Gefühle

unserer vertrauten Vierbeiner. Was wackelt eigentlich mehr, der Hund mit dem Schwanz oder der Schwanz mit dem Hund?

Viele Hundeliebhaber sind felsenfest davon überzeugt, dass ein Hund, der wedelt, nur eins im Sinn hat: nämlich die freundliche Kontaktaufnahme mit seinem Gegenüber. Schwanzwedeln gilt allgemein als Zeichen von Freundlichkeit und als Hauptmerkmal für einen braven Hund.

Nun zum Wahrheitsgehalt: Das Hin-und-her-Pendeln der Hunderute kann nicht immer pauschal als Freundlichkeit bezeichnet werden. Es kommt ganz darauf an, in welcher Situation der Hund Kontakt aufnimmt, denn das Schwanzwedeln signalisiert in erster Linie nur die Handlungsbereitschaft für anstehende Taten. „Heute weiß man“, so die Verhaltenstherapeutin und Tierärztin Dr. Renate Jones, „dass Schwanzwedeln sehr unterschiedlich aussehen kann und nur eins bedeutet: Dieser Hund ist bereit zu einer Interaktion. Das garantiert jedoch noch lange kein freundliches Verhalten.“

Wedeln ist in erster Linie ein Ausdruck von Aufregung. Je mehr der Hund wedelt, desto erregter ist er. Das gilt sowohl für das Wedeln vor einem Mauseloch im akuten Jagdfieber oder das Wedeln am Gartenzaun beim Verteidigen des Grundstücks oder beim Begrüßen des Menschen oder Artgenossen. Auch Welpen wedeln mit den Schwänzen, wenn sie bei der Mutter saugen, um Futter betteln oder eine freundliche Grundstimmung bei erwachsenen Tieren aufbauen möchten. Wedeln erfolgt gleichermaßen bei Unsicherheit, beim Imponieren oder einer netten Ansprache sowie bei der Aussicht auf eine leckere Belohnung. Die Situationen sind vielseitig motiviert und unser domestizierter Wolf hat auch beim Wedeln eine breite Signalpalette zu bieten. Dabei ist immer die Haltung und Bewegung der Rute als ein Teil der ganzen Körperhaltung zu sehen. Wenn der Hund sich seiner Sache nicht ganz sicher ist, hält er die Rute erst einmal etwas nach unten – er kann ja nie wissen, vielleicht muss er sie am

Ende doch noch einziehen. Ist das Selbstbewusstsein aber groß, so wedelt man schräg nach oben. „Der froh gestimmte Hund kann es sich leisten, nach allen Seiten hin seinen Geruch zu verteilen“, erläutert der bekannte Hundeforscher Eberhard Trumler. So ist das Wedeln nicht nur einfach das Verteilen des eigenen Geruchs, sondern es gleicht dadurch einer namentlichen Vorstellung! Weiter ist ausschlaggebend, in welcher Art und Weise sich die Rute bewegt. Denn sie zeigt die Grundstimmung, in der sich der Hund befindet: langsames und sehr steifes Wedeln sieht man beim Imponieren, lockeres Hin-und-her-Gewedel ist dagegen Teil einer freundlichen Begrüßung.

Welpen haben „Welpenschutz“

Vielleicht hält sich dieser Mythos so hartnäckig, weil wir uns einfach nicht vorstellen können, dass irgendjemand diesem kleinen verspielten, unschuldig dreinschauenden Welpen, der so niedlich daherkommt, etwas zuleide tun kann. Welpen lösen erhöhte Fürsorge und Pflegebereitschaft aus, und der Glaube besteht, dass andere Hunde den kleinen tapsigen Wesen ebenfalls nichts tun würden. Leider ist das nur ein Gerücht!

„Der sogenannte Welpenschutz und das Verschonen eines Hundes, der Unterwerfungsgesten zeigt, existiert nicht – Welpenschutz existiert ausschließlich im eigenen Rudel“, so bringt es Günther Bloch auf den Punkt. Welpenschutz gilt nur im eigenen Rudel und dieses Rudel besteht ausschließlich aus dem Zusammenschluss des Menschen in Begleitung seines Hundes oder Welpen. Jede Begegnung mit anderen Mensch-Hund-Paaren ist als das Aufeinandertreffen mit Rudelfremden zu betrachten. Dann ist Toleranz gefragt! Denn je nach Ort und Stimmung im Augenblick der Begegnung sowie den Erfahrungen und der Erziehung des fremden Hundes kann er ganz unterschiedlich auf den Welpen reagieren. Fühlt der andere sich genervt oder gestresst, kann er sich bei einem Zusammentreffen veranlasst fühlen, sein Haus, den Kinderwagen, den Ball oder auch den Menschen als interessante Ressource zu verteidigen. Dabei wird er den Welpen je nach Interessenlage wie einen fremden erwachsenen Hund betrachten, und ihn nicht toleranter behandeln, nur weil er klein ist.

Das bedeutet für den Hundenachwuchs, die Regeln älterer und ranghöherer Tiere und Menschen frühzeitig zu lernen und sie zu befolgen.
Bei einem Treffen mit anderen, fremden Hunden kann demnach keine „Narrenfreiheit" für die Kleinen erwartet werden.

Aufreiten ist immer sexuell motiviert Rüden tun es auf Hündinnen, Hündinnen auf Hündinnen, Hündinnen auf Rüden und kastrierten Rüden. Es geht wohl heiß her bei unseren Hunden – könnte man glauben, wenn man das für bare

Münze nimmt, was man sieht, nämlich wildes Aufreiten in allen Positionen und mit großer Leidenschaft.
Neben dem Paarungsakt und einem generell gesteigerten Sexualtrieb durch einen zu hohen Hormonhaushalt gibt es noch andere Möglichkeiten „groß rauszukommen". Denn das Aufreiten oder der Aufreitversuch auf dem Rücken eines anderen Hundes ist als reine Demonstration von Stärke anzusehen. Dahinter steht kein spielerisches Verhalten, sondern ganz eindeutig eine imponierende Haltung mit dem Ziel, das Gegenüber in seiner Bewegung einzuschränken und dadurch zu provozieren. Ähnliche Signale sind das Auflegen des Kopfes oder der Pfote auf Rücken oder Schulterbereich. Gerade junge Hunde testen damit oft an, wie weit sie gehen können, wenn sie sich über einen anderen Hund stellen oder den Kopf auf den Rücken legen. Aber auch in der Mensch-Hund-Beziehung bleibt nichts ungetestet: Unsere Vierbeiner machen Forderungen mehr oder weniger diskret geltend. Beispielsweise wird, je nach Hundegröße, ganz lässig der Kopf auf den Schoß gelegt, wenn der Mensch gerade beim Essen am Tisch sitzt. „Na los, lass mal was fallen!" heißt das! Übersetzt: die dreiste Form des Bettelns. Diese kleinen Tricks unserer Hunde, die im Alltag oft unbemerkt bleiben, sind überaus gelungene Strategien, erfolgreich Ziele zu erreichen.

Gähnende Hunde sind müde

Beim Menschen ist Gähnen ansteckend – soviel ist sicher. Nachweislich löst schon der Gedanke ans Gähnen beim Menschen den Gähnreflex aus. Das ist zudem gesund, denn durch die Streckung und Entspannung der Kiefermuskulatur schlägt das Herz schneller und das Gehirn wird besser durchblutet. Aber wieso der Mensch wirklich gähnt ist noch unbekannt – die Annahme, es sei zu wenig Sauerstoff in der Luft, konnte als Auslöser nicht bewiesen werden. Amerikanische Forscher fanden heraus, dass trotz einer guten Sauerstoffsättigung im Blut fleißig weitergegähnt wurde. Dann ist es wohl doch einfach nur Übermüdung?

Bei unseren Hunden hat das Gähnen jedenfalls nichts mit einer durchzechten Nacht zu tun. Das hundliche Gähnen hat wie so vieles ebenfalls zwei Seiten – in erster Linie ist es eine Handlung, die unmittelbar im Zusammenhang mit Wohlbefinden gezeigt wird: als Begleiterscheinung des Reckens und Streckens wird genussvoll gegähnt.

Andere Situationen können sein: Der Hund ist unsicher, steht unter Spannung, hat augenblicklich Stress oder befindet sich in einem Interessenskonflikt. Er soll eine Entscheidung treffen, bei der sich zwei Lösungen anbieten, z. B. möchte er einerseits gerne ein Reh jagen, das vor ihm davonspringt, andererseits besteht der Besitzer darauf, dass der Hund bei ihm bleibt. Der Hund kommt zu keinem schlüssigen Ergebnis, sein Wunsch wird unterdrückt, wobei er unmittelbar in einen persönlichen Konflikt gerät. Was also tun? – Besser erst mal gähnen, quasi als Ersatzhandlung oder Verlegenheitsgeste, die die Spannung nimmt. Das Reh ist dann meist weg und der Besitzer ruhig und zufrieden.

Dieses Verhalten nennt man Übersprungshandlung. „Das Tier tut also ersatzweise etwas, das scheinbar gar nicht in die Situation passt, nur um sich irgendwie abzureagieren", erläutert Dr. Ferdinand Brunner. Auch in Alltagssituationen, in denen sich der Hund unsicher oder gestresst fühlt und er sich unterwürfig verhält, kann er mit Gähnen oder anderen beschwichtigenden Verhaltensweisen reagieren. Diese sind neben dem Gähnen ein kurzes Nasenlecken, oder es wird verlegen am Boden herumgeschnüffelt, oder urplötzliche Spielaufforderungen, hektisches Urinieren sowie Hinter-dem-Ohr-Kratzen werden gezeigt. Das nimmt die Spannung aus der bestehenden Situation und sorgt für beruhigende und entschärfende Momente. Das gilt gleichermaßen in Konfliktsituationen mit Artgenossen oder dem Partner Mensch. Auch Mundwinkellecken beim anderen Hund oder das vergleichbare Ablecken der Hand des Menschen wirkt neben der generellen Begrüßungsformalität außerordentlich beschwichtigend und zeigt den aktuellen Bedarf, Stress abzubauen. Ist der Hund wieder entspannt und zufrieden, räkelt er sich, atmet tief durch und beginnt mit der Körperpflege bei sich oder seinem Sozialpartner, wobei er leckt und knabbert, sich streckt und gähnt und sich dann schlussendlich schlafenlegt. Womöglich macht gähnen erst richtig müde ... hundemüde.

Die Mächtigen sind groß und stark

Weder im Reich der Wölfe noch der Hunde findet sich eine Bestätigung darüber, dass diejenigen, die das Sagen haben, besonders groß oder stark wären. Führungsqualitäten und damit das Übernehmen von Verantwortung hat nichts mit Körpermaßen zu tun. Viel wichti-

ger für eine Führungsrolle sind soziale Fähigkeiten, wie Erfahrung, Souveränität, aber auch Selbstbewusstsein. Bei Hundebeziehungen zwischen großen und kleinen Vierbeinern ist es daher nicht selten der Fall, dass der kleinere den Ton angibt!

Beute erlegen ist angeboren

Hunde sind domestizierte Raubtiere, egal ob es ein kleiner oder großer Hund ist, ob Jagdhund oder Schoßhund, in jedem steckt ein verborgenes wildes Tier – genetisch gesehen.
Der Instinkt des Jagens nach Beute ist angeboren, und so beginnen schon wenige Wochen alte Hunde erste Beutespiele. Und hier ist der Knackpunkt, wie man so schön sagt. Denn das Töten eines Tieres ist nicht angeboren, nur der Instinkt – die Technik muss erst erlernt und geübt werden, in vielen kleinen spielerischen Schritten.
Im Gegensatz zu Hunden sind bei Insekten oder Amphibien, wie z. B. Fröschen, diese grundlegenden Fähigkeiten genetisch fixiert und automatisch vorhanden. Diese Tiere brauchen die Fertigkeiten der Jagd nicht mehr aufwendig zu lernen, sie beherrschen sie einfach.
Hunde lernen die motorischen Fähigkeiten zum Erlegen und Töten von potenzieller Beute schon im Welpenalter, durch intensives Spiel mit Ersatzobjekten, wie z. B. Bällen oder anderen Gegenständen, und durch wilde Spiele mit den Eltern und den Geschwistern.
Dabei sind zufällige Erfolgserlebnisse, Rassedisposition oder das Nachahmen vom Elternverhalten für die ausgeklügelte Technik eines späteren gelungenen Tötungsbisses verantwortlich. Die Feinheiten werden mit den Geschwistern geübt, vor allem das spielerische Erlernen der gesamten Sequenzen eines Beutefangs – fixieren, anschleichen, packen und schütteln. Meist packen und schütteln die Welpen recht schonungslos und lernen dabei gleichzeitig soziales Miteinander. Die kleinen Raubtiere erlangen so nach und nach die Fertigkeiten eines Jägers und lernen früher oder später das Beute-

töten am lebenden Objekt. Je früher sie den Tötungsakt an der lebenden Beute gelernt haben, desto perfekter wird er beherrscht. Bekommt ein Hund erst im reiferen Alter – wenn überhaupt – die Möglichkeit eines Tötungsbisses, ist er anfangs eher unbeholfen. Aber Hunde lernen ein Leben lang und wenn sie einmal „Blut geleckt" haben, sind sie sehr motiviert, diesen selbstbelohnenden Jagderfolg zu wiederholen.

Dominante Hunde sind aggressiv

Laut Duden wird „dominant" als „vorherrschend, überdeckend und bestimmend" definiert. So weit, so gut, denn das ist auch einem dominanten Hund nicht abzusprechen. Dabei kann man das Wort „dominant" sowohl positiv als auch negativ besetzen, je nach Anlass und Situation.

Eines gilt jedenfalls immer bei Dominanz: Es ist ein Zustand innerhalb einer Zweierbeziehung und das ganz gleich, ob zwischen Mensch und Tier oder bei Hunden untereinander. Und Dominanz hat nichts mit Aggression zu tun. Denn für dominante Tiere ist ein aggressives Verhalten gar nicht notwendig, sie sind so souverän und selbstbewusst, dass sie es nicht nötig haben, ihre Kraft zu verschwenden. Sie setzen ihren Willen mit einfachsten Verhaltensweisen durch, die weit entfernt sind von Aggression.

Diese einfachen Mittel sind bei hierarchisch-sozial organisierten Hunden klar in einer Zweierbeziehung geregelt, dort hat ein dominantes Tier eine übergeordnete Position, d.h. wenn es „einen Wunsch hat, wird er erfüllt". Dieses Verhalten wird bei Hunden in einem bestehenden Familienverband akzeptiert und respektiert. Schon die Welpen lernen von Anfang an, dass andere Gruppenmitglieder stärker sind als sie selbst und sie sich angemessen verhalten müssen. Ernsthafte und wirklich böse Rangeleien und Auseinandersetzungen werden durch Anerkennung dieser internen Positionen vermieden. Wieso also dann aggressiv werden? Das hat ein dominanter Hund gar nicht nötig, die Verhältnisse sind für ihn geklärt, er gibt den Ton an. Das dominante Verhalten eines Hundes hat dabei eine Bandbreite vom Imponieren bis zum Ignorieren, Runterdrücken, Schnauzengriff oder Aufspringen, aber alles geschieht ruhig und abgeklärt. Alleine die Körpersprache spricht Bände und lässt einen anderen Hund automatisch weichen.

Dominanz zeigt sich demnach in regelmäßigen Interaktionen zweier Partner, also auch in der Mensch-Hund-Beziehung, und wie Dr. Dorit Feddersen-Petersen sagt, gesteht sich das dominante Tier „selbst ein hohes Maß an Freiheit“ zu, ohne dass der andere „effektiv etwas dagegen tun“ kann, sondern dieser „akzeptiert seine Einschränkungen“.

Und woran erkennt man dominantes Verhalten in der Mensch-Hund-Beziehung? Wenn der Mensch sich mehr nach dem Hund orientiert als umgekehrt, z. B. Futter vom Hund eingefordert wird und der Mensch reagiert, oder der Hund in den Garten möchte, der Mensch aufsteht und die Tür öffnet, oder sofort gestreichelt wird, wenn der Hund Streicheleinheiten fordert – dann dominiert hier der Hund den Menschen ganz ohne Aggression. Der Verhaltenskatalog unserer Hausgenossen ist ziemlich ausgefeilt, egal ob in den Weg stellen, drängeln, rempeln, verdrängen oder mit dem Blick fixieren und eine hohe Rutenstellung. Diese hohe Schwanzhaltung ist aber bei einigen Rassen angeboren und daher absolut normal, wie beispielsweise bei Chow-Chow, Spitz, Mops oder den Nordischen Hunden. Sie tragen die Rute in Richtung des Kopfes über den Rücken gebogen oder geringelt. Das hat nichts mit Dominanz zu tun. Je selbstbewusster und sicherer ein Hund ist, desto weniger aggressive Demonstrationen der Macht sind überhaupt notwendig, um beim Gegenüber einen bleibenden Eindruck zu hinterlassen. Da reichen kleine Gesten aus, um eine große Wirkung zu erzielen.

Hunde verteidigen immer ihr Revier

Schon in der griechischen Mythologie war Kerberos oder lateinisch Zerberus der strenge, unfreundliche Pförtner oder Wächter, der als dreiköpfiger Hund den Eingang der Unterwelt bewachte. „Cave canem!“ heißt übersetzt „Hüte dich vor dem Hund!“ und ist als Hinweis auf einen besonders wachsamen Vertreter der Hundezunft oft an Zäunen und Hauseingängen zu finden. Der Mensch hat den Hund auf dieses wachsame Verhalten innerhalb seines Territoriums hingezüchtet – demnach ist es gewollt, wenn der Vierbeiner gut aufpasst.

Mit allen Facetten der Wachsamkeit, die das Verteidigen des Grundstückes gegen Eindringlinge mit sich bringt, z. B. bellen, hin- und herrennen, imponieren, knurren etc. in jeder mehr oder weniger intensiven Form. Bei Rassen, die gezielt auf dieses Verhalten hingezüchtet wurden, sind diese Merkmale besonders ausgeprägt. Zwei Beispiele sollen verdeutlichen, was im Wolfsrudel im Fall einer

Revierverteidigung passiert und was im Vergleich über das angeborene Verhalten eines Haushundes hinaus bei überwachsamen Hunden geschieht.
Wölfe beispielsweise sind nicht immer extrem territorial, sie verteidigen nicht ständig aggressiv ihr Revier. Es gibt bei Wölfen durchaus Zeiten, in denen sie in bestimmten Gebieten fremde Wölfe tolerieren oder sogar aufnehmen. Kommt es dennoch zu einem Revierverteidigen, ist nicht jeder im Wolfsrudel für die aktive Abwehr zuständig, sondern in erster Linie das ranghöchste Männchen.
Was aber geschieht jetzt aus dem Blickwinkel des Hundes, wenn verbunden mit einer Bell- und Rennaktion ein Eindringling am Gartenzaun vorbeiläuft? „Wunderbar“, denkt sich der Hund, „meine Verteidigung hat gewirkt, diesen Menschen konnte ich erfolgreich fernhalten!“ Das wird auf Dauer ein richtiger Spaß für den Hund, denn jedes Mal laufen die Leute, die das angrenzende Revier des Hundes passieren, einfach weiter. Von diesem Erfolg gestärkt entwickelt sich dieses Verhalten zu einer dauerhaften Belohnung für den Hund. Je älter dann ein Hund wird, desto wachsamer wird er. Dabei kommt es immer darauf an, ob dies auch vom Menschen so gewollt ist. Ein Hund, der als Wachhund in einem einsamen Gewerbegebiet arbeitet, oder ein Herdenschutzhund, der die Herde auf einer Wiese bewacht, ist so sicher gut aufgehoben. Der Mensch entscheidet beim Haushund den Einsatzort und die Intensität der Bewachung. Ansonsten gibt es ja noch das Schild: Cave canem!

Beißhemmung ist angeboren

Ist es einer angeborenen Beißhemmung zu verdanken, dass Hunde nicht direkt zubeißen, wenn ihnen etwas nicht in den Kram passt? Schon Konrad Lorenz nahm an, dass die Beißhemmung erstens angeboren sei, zweitens ausgelöst werde, wenn der Gegner seine Unterlegenheit durch Demutsverhalten zeigt, und drittens der Arterhaltung

diene, da sie Verletzungen oder den Tod des Unterlegenen verhindert. Konrad Lorenz hat leider nicht Recht behalten. Die Beißhemmung bei Hunden ist nicht angeboren, sondern wird erworben und gilt nur im eigenen Rudel. Das ist ein schmerzhafter Lernprozess, den unsere Hunde im Welpenalter zu spüren bekommen.
Bei Hundewelpen geht es immer wild zu. Da wird hemmungslos und unkontrolliert gebissen, geschüttelt, gezwickt, gequietscht und laut geschrieen. Die kleinen Jungs und Mädels raufen sich wild und aggressiv, bis sie nicht mehr können und vor Müdigkeit umfallen. Keine Entwicklungsphase zeigt so viele aggressive Verhaltensweisen wie das Welpenalter. In der sogenannten Sozialisierungsphase, also ca. von der 3. bis 12. Lebenswoche, lernen Welpen, wie man sich anderen Artgenossen und Menschen gegenüber verhält. Zuerst lernen sie den Umgang mit der Mutter und den Geschwistern. Dabei sind nicht nur die Welpen untereinander rau, auch die Mutter stupst im Spiel des öfteren ihren Nachwuchs unsanft um, bis er laut schreit und protestiert. Rabenmutter? Keinesfalls, die Mutter greift regulierend in das wilde Spiel ein, und damit lernen die Kleinen, dass es nur Nachteile hat, grob zu sein. Die Folgen von hartem, hemmungslosem Spiel, Anrempeln oder Gebissenwerden sind mit den kleinen spitzen Zähnen unangenehm und führen zu schmerzhaften Erfahrungen. Sie lernen, dass wenn man zubeißt, der andere schreit und zurückbeißt – wird man nun selbst gebissen, tut das weh. Dieser Lernprozess vermittelt die Angst vor dem Schmerz und verhindert später größere Verletzungen im Rudel. Früh übt sich eben, um sich in der Gruppe zu benehmen.
Aber auch ganz eigennützige, sogar egoistische Hintergründe spielen bei einer nicht angeborenen Beiß- und Tötungshemmung eine Rolle. Durch die in der Natur funktionierende natürliche Selektion wird ein eigennütziges Verhalten bestärkt, jeder will dabei zuerst einmal selbst überleben oder zumindest seinen Fortbestand sichern.

Eine Ausführung von Dr. Erik Zimen beschreibt den Zusammenhang so: „Folglich ist weder bei Tieren noch bei Menschen von Natur aus eine zwingende, auf alle Artgenossen ausgedehnte Beiß- oder Tötungshemmung zu erwarten, was ja auch durch die Realität belegt wird. Verletzende Bisse und gar Tötung sind vielmehr, wie jedes andere Verhalten auch, eine Frage der Opportunität. Es unterliegt der Kosten-Nutzen-Rechnung der Selektion, die nur Merkmale zulässt, die sich langfristig positiv oder allenfalls kostenneutral für den Fortbestand der daran beteiligten Gene und ihrer identischen Replikationen erweisen." So ist eine Beißhemmung nicht in die Wiege gelegt und nur im eigenen Rudel zu finden, dabei besonders gegenüber Welpen und Weibchen.

Wann die Prägung des Welpen passiert, ist egal

Die wohl berühmteste Prägung demonstrierte der österreichische Verhaltensforscher Konrad Lorenz 1935 am Beispiel von Graugänsen: Nach der Geburt hatten die kleinen, frisch ausgeschlüpften Graugänse ausschließlich Kontakt zum Menschen. Auf Schritt und Tritt folgten sie nun ihren selbsternannten menschlichen Eltern und behandelten sie von da an bis ins Erwachsenenalter wie andere Gänse. Neben der Namensgebung „Prägung" schaffte Konrad Lorenz damit, aufzuzeigen, dass es bei der Entwicklung junger Tiere kurze Zeitfenster gibt, in denen sie außergewöhnlich aufnahmefähig sind für bestimmte Informationen. Dadurch festigen sich biologisch wichtige Verhaltensweisen, um besonders anpassungsfähig auf die Umwelt reagieren zu können und damit das eigene Überleben zu sichern. Der große Erfolg dieser „sensiblen Phase" ist, dass die darin gewonnenen Erfahrungen dauerhafter im Gedächtnis gespeichert werden als die aus anderen Entwicklungsphasen.

Prägung ist sehr komplex, störanfällig und nur in einem kurzen Zeitfenster möglich. Für unseren Partner Hund gilt das in gleichem

Maße, es gibt allerdings nicht nur eine Prägung, sondern verschiedene sensible oder kritische Phasen nach der Geburt und im Welpenalter, in denen unterschiedliche Erfahrungen gespeichert werden. Da ist die Prägung auf Artgenossen zu nennen, die Bevorzugung von Nahrung als Nahrungsprägung und die Prägung auf verschiedene Lebensräume. Die soziale Komponente ist bei all diesen Vorgängen für den Hund die wichtigste und beeinflusst zu einem großen Teil das spätere Verhalten des erwachsenen Hundes.

Hunde haben kein „Ich"-Empfinden Schaut ein Hund in den Spiegel, so erkennt er sich nicht! „Wer ist das?", wird er sich wohl fragen. Junge Hunde spielen noch eifrig mit dem Spiegelbild, aber ältere ignorieren es meist völlig. Haben Hunde dann ein Ich-Empfinden, wenn sie sich schon nicht im Spiegel erkennen? Ja, das haben sie, nach dem Motto: „Ich fühle, also bin ich!"

Ein Hund empfindet sich und damit sein Ich-Bewusstsein als komplexes Geflecht von Empfindungen, Erfahrungen und Erinnerungen. Er entwickelt sein Bewusstsein in erster Linie durch seine Körperempfindung: Wie fühlt sich Körperpflege, Belecken, Knabbern, Kratzen an? Wie fühlt sich Bewegung an, wie weit und schnell kann ich laufen? Auch der Mensch gehört zu diesem Gefüge dazu, denn er reflektiert durch sein Verhalten dem Vierbeiner gegenüber ein großes Stück von dessen Selbstwahrnehmung. Dazu gehören die Ansprache, der Umgang, gemeinsame positive und negative Erlebnisse, Berührungen, wie z. B. Streicheln, Bestätigung aber auch Ablehnung und Schmerzen. „Reagieren Menschen auf ‚mutige' Hunde stets defensiv, ist zu erwarten, dass deren soziale Expansionsfähigkeit wächst – und fortan auch selbstsicher auftretenden Menschen in Konfliktsituationen Paroli geboten wird", beschreibt Dr. Dorit Feddersen-Petersen das Problempotenzial.
Weiter können reichliche und „wertvolle" Besitztümer in Form von ständig verfügbarem Spielzeug, Kauknochen oder anderen immer präsenten Gegenständen, durchaus das Selbstbewusstsein beim Hund fördern. Auch der Name spielt eine Rolle bei der eigenen Wahrnehmung: Der individuelle, wohlklingende Name des Hundes wird von ihm gelernt und er bringt ihn mit sich in direkte Verbindung, der Name ist ein Teil seiner bewusst wahrgenommenen Persönlichkeit.
Auf „öffentlichem Parkett" kann der Hund ebenfalls seinen sozialen Status in unterschiedlichen Gruppen unterschiedlich empfinden, das gilt für Menschengruppen wie für verschiedene Gruppengeflechte unter Artgenossen. Ein Hund kann seine eigenen Empfindungen und seine Reaktionen darauf wahrnehmen und hat so ein Ich-Bewusstsein.

Der Mensch denkt, der Hund lenkt ...

Nackenschütteln ist artgerecht Es wird gerüttelt und geschüttelt, was das Zeug hält. Das Märchen vom artgerechten Strafen des Hundes – „Nacken packen – anheben – schütteln“ – wird von Generation zu Generation, von Nachbar zu Nachbar, von Hundebesitzer zu Hundebesitzer fleißig weiterüberliefert. Es ist nicht mehr wegzudenken aus dem Standardprogramm der Erziehung. Der Partner Hund wird mit dieser Methode in dem festen Glauben behandelt, es würde damit hundeartiges Verhalten nachgeahmt, denn Hunde und auch Wölfe strafen angeblich so ihren Nachwuchs.

Vorneweg – Hunde und Wölfe schütteln sich nicht untereinander am Nacken, um sich zu strafen oder zurechtzuweisen. Auch Welpen werden nicht von ihren Eltern gestraft, indem sie die Kleinen durchrütteln. Nur Beute wird so gepackt, horizontal hin und her geschüttelt, und zwar mit der Absicht, einen Genickbruch zu verursachen und damit ein „Totschütteln“ zu erreichen.

Deswegen wird jeder Hund ziemlich eingeschüchtert gucken, wenn der Mensch ihn als Beute rüttelt, offensichtlich mit dem Ziel, diese Freundschaft jetzt und hier zu beenden. Die Folge ist ein Vertrauensverlust nicht nur zur Hand, sondern auch dem zupackenden Menschen gegenüber.

Das Nackenschütteln ist bei Welpen, egal ob Hund oder Wolf, in Ansätzen ab der dritten Lebenswoche in Spielsequenzen zu beobachten. Beim Spielen üben die Kleinen Bewegungsabläufe und er-

lernen ihre motorischen und sozialen Fähigkeiten. Das gegenseitige Packen im Nacken und das Hin-und-her-Schleudern wird in Spielphasen gezeigt, in denen Einzelsequenzen des Jagd- und Beutefangverhaltens geübt werden. Dabei wird auch schon mal ein Ohr, ein Bein oder ein anderes Körperteil des Geschwisterkollegen „totgeschüttelt“. Auch herumliegende Spielzeuge werden dann zu einem geeigneten Mäuse- oder Kleinbeuteersatz. Darüber hinaus zeigt die Mutterhündin im Spiel ebenfalls das leichte Ziehen am Nackenfell, das hat aber nichts mit Disziplinierung zu tun. Werden die Welpen der Mutter zu wild, zu lästig oder will sie die Distanz vergrößern, werden sie angeknurrt, mit einem Blick drohend fixiert, ihr Fang greift über die Schnauze oder sie werden auf den Boden heruntergedrückt. Packt die Hundemutter die Kleinen doch einmal im Nacken, dann nur, um sie zu tragen oder von einer Gefahrenquelle wegzuzerren.
Es wird vermutet, dass das Totschütteln wohl aus dem Wegschleudern einer ungewohnten Beute entstanden ist (Leyhausen). Damit hat man als Mensch wenig zu tun, deswegen hat es im Erziehungsrepertoire nichts zu suchen.

Hunde schauen einem gern in die Augen „Schau mir in die Augen, Kleines." Was Humphrey Bogart wohl gesagt hätte, wenn er die wahre Bedeutung unter Hundekollegen gekannt hätte! „Auge um Auge, Zahn um Zahn" ist die bessere Umschreibung, wenn zwei Hunde sich gegenseitig anhaltend und tief in die Augen schauen. Der starre und fixierende Blick ist eine gewaltfreie Machtprobe, wer der Stärkere ist, sowie das Antesten einer Rangposition. Die Probe aufs Exempel geht so lange, bis einer nachgibt, wegschaut und damit eingesteht, der Unterlegene zu sein. Dabei beschwichtigt ein Wegschauen sein Gegenüber und nimmt die Spannung aus der Begegnung, oft zu sehen in Verbindung mit einem Augenschlag nach unten oder einem kurzen Lecken über die Nase.

Starren sich beide weiter an, wird in der Folge um die Vorrangstellung gestritten und notfalls auch ernsthaft gekämpft.
Mensch und Hund tauschen im Zusammenleben ständig gegenseitig Blicke aus, eine Art „stille Post“ als Form der Kommunikation zur Kontaktaufnahme. Diese kurzen Blickintervalle signalisieren Aufmerksamkeit und Interesse oder dienen zum Erreichen eines Zieles, teilweise mit durchaus forderndem Charakter. Dabei können länger andauernde Blickkontakte mit dem Hund vom Hundebesitzer angewendet werden, um bei unerwünschtem Verhalten des Hundes „stillschweigend“ eine klare Position zu beziehen. Dies ist aber nicht mit dem oben genannten offensiven, dauerhaften Anstarren zu verwechseln.
Innerhalb der Mensch-Hund-Beziehung wenden nur Tiere mit einem hohen sozialen Status den fixierenden Blickkontakt an. Ist er langanhaltend, starr und direkt, ist das eine klare Drohung. Da kann das Tief-in-die-Augen-Schauen, das vom Menschen ausgeht, in Verbindung mit Stimme, Körperhaltung und einem durchdringenden Geruch von Aufregung für den Hund irreführend sein. Die vom Menschen ausgesendeten Signale werden dann als Aufforderung zum Kräftemessen falsch interpretiert. Da schauen höfliche Hunde eher mal weg als zu lange hin und beweisen dadurch erst recht Stärke.

Nur ungezogene Hunde springen hoch

Nun gut, so richtig schön ist das nicht, wenn man im sauberen Dress vor einem Hund steht, dessen Pfoten vor Dreck und Nässe triefen und dem kurzerhand nichts Besseres in den Sinn kommt, als genau in diesem Moment an einem hochzuspringen. Juchu, sehr schön!
Es ist doch bekanntlich das Erste, was der Hund im harmonischen Miteinander mit dem Menschen in seinem Grundgehorsam lernen

sollte: „Du darfst keine Menschen anspringen, egal ob groß oder klein, egal ob du dreckig oder sauber bist!“
So weit, so gut, so richtig – das Entscheidende ist, wieso tut der Hund das ständig und vor allem, wieso lässt er es nicht sein, auch wenn er immer wieder ermahnt wird, es zu unterlassen? Ist es ein „dummer“ oder eher „armer“ Hund? Die Antwort: Es ist ein armer, weil unverstandener Hund. Das Hochspringen des Hundes am Menschen ist eine freundliche Geste der Unterwerfung!
Alles beginnt im Welpenalter, wenn die kleinen Hunde oder auch Wölfe anfangen nicht nur Muttermilch, sondern auch feste Nahrung zu sich zu nehmen. Durch Lecken und Anstupsen der Mundwinkel können die Kleinen bei der Mutter das Auswürgen von vorverdautem Futter auslösen. Wohl ein echtes Festmahl, denn die Verhaltensweise „Mundwinkellecken“ ist so bewährt, dass sie auch in anderen Bereichen von Welpen erfolgreich angewendet wird. Zum Beispiel als Zeichen der Unterwerfung, um den anderen und älteren Rudelmitgliedern zu zeigen „Bitte tu mir nichts“. Das Mundwinkellecken trägt maßgeblich zur Kommunikation und dem friedlichen Zusammenleben bei, auch über das Welpenalter hinaus.
Jetzt kommt der Mensch ins Spiel – der kleine Welpe möchte in guter Absicht sein hundetypisches Verhalten zeigen, Friedensangebote machen und seine unterwürfige Geste einbringen. Nur: Der Mund des Menschen ist nicht mehr so gut zu erreichen wie der der Mutter. Denn auch wenn sich der Mensch immer so praktisch hinunterbeugt, es ist für das kleine Tier ein echter Kraftakt, „da oben“ dranzukommen. Was bleibt ihm dann anderes übrig, als am Bein hochzuspringen oder als Alternative die Hand zu lecken? Damit beginnt der Erziehungskreislauf. Wenn die Hunde noch klein sind und am Bein hochspringen, werden sie mit Hinunterbeugen, Lachen sowie fröhlicher Ansprache für dieses Verhalten weiter belohnt. Sind sie dann größer, ist es meist vorbei mit der Toleranz, das Verhalten wird

zunehmend unerwünscht, und die Abwehrreaktionen beginnen. Ein Riesenproblem, denn je mehr der Mensch jetzt dieses Hochspringen hektisch verhindern möchte, desto stärker möchte der Hund den scheinbar böse gewordenen Menschen beschwichtigen. Ein hausgemachtes Missverständnis beginnt. Was zu tun ist? Schon beim Welpen kein großes Tamtam um das Anspringen machen, ruhig vom Hund wegdrehen, stehenbleiben, ignorieren, nicht anfassen, lachen oder ansehen. Wenn der Kleine dann ruhig vor einem steht oder sitzt, ihn genau in diesem Moment für dieses „nicht-springende" Verhalten loben und ihm dann die Aufmerksamkeit schenken, die er braucht. So haben beide etwas davon, der Mensch und der Hund.

„Pfötchengeben" müssen Hunde lernen

Hunde sind absolute Naturtalente, wenn es darum geht, das beliebte „Pfötchengeben" zu erlernen. Sie beherrschen es, die Pfote im Sitzen oder Stehen zu geben, winkend die Pfote hoch und runter zu bewegen oder einfach die Pfote aufzulegen. Welch ein großes Repertoire unsere Hunde mit ein wenig Dressur innerhalb kürzester Zeit beherrschen! Diese Begabung kommt nicht aus heiterem Himmel, sie ist unseren Hunden angeboren.

Das sogenannte „Pföteln" wird erstmalig im Welpenalter beim Milchtrinken gezeigt. Während des Saugens stemmt sich der Welpe mit der Pfote des Vorderbeins immer wieder gegen das Gesäuge. Die Junghunde zeigen dann als nächsten Schritt das Pfoteheben während des Mundwinkelleckens und Futterbettelns. Dieser angeborene Milchtritt erleichtert das spätere „Pfotegeben" und es bedarf nur noch der Dressur der verschiedensten Übungen.

Ansonsten ist das Anheben und Senken des Vorderbeins ein Ausdruck sozialer Unterordnung, eine freundlich gemeinte, aber durchaus auffordernde Geste, z. B. zum Spiel mit den Kameraden. Pföteln wirkt beim Menschen als Geste beschwichtigend, kann aber ebenfalls fordernd und aufdringlich sein, wie übrigens auch das Anstupsen mit der Schnauzenspitze oder ständiges Fiepen. Alles hat nur einen Zweck: Aufmerksamkeit beim Menschen zu erregen. Vielseitig wie die Dressur ist das, was der Hund im Zusammenleben mit dem Menschen daraus macht!

Gute Bestrafung bei Unsauberkeit: Nase in die Pfütze!

Macht der Hund ein unerwünschtes „Pfützchen“, tunkt man einfach seine Nase hinein! So leicht ist das mit der Hundeerziehung – ein schnelles Mittel, denn der Hund wird dann schon wissen, was er falsch gemacht hat! Oder? Nein, ein absolutes Märchen aus vergangenen Zeiten!

Nicht nur, dass der arme getunkte und triefende Hund gar nicht weiß, was das soll, er verliert obendrein auch noch völlig das Vertrauen zu seinem „Vorgesetzten“, dem Menschen.

Es gibt zahlreiche Gründe warum ein Hund ins Haus macht, egal ob er ganz plötzlich aus heiterem Himmel damit anfängt oder weil er es noch nicht richtig gelernt hat. Das unerwünschte „Wasserlassen“ kann bei Welpen auftreten, die noch nicht stubenrein sind oder eine Blasenentzündung haben, als unterwürfiges oder, bei älteren Hunden, als markierendes Verhalten, um den Besitz einer für den Hund interessanten Ressource zu sichern. Weiter können starke Erregung zum Urinieren in Räumen führen, oder es steht in direktem Zusammenhang mit Trennungsangst oder einer anderen Angstreaktion, wie beispielsweise als Konsequenz bei Furcht vor besonders lauten Geräuschen oder Gewitter.

Laut einer Befragung des Verhaltensforschers Henry Askew zeigten ca. 15 % der Hundepatienten Probleme mit unerwünschtem Ausscheidungsverhalten, also ein nicht unerhebliches Thema im Alltag mit Hunden. Einige Hunde zeigen das ungewollte Urinieren, z. B. in Haus oder Auto, von jetzt auf gleich, da sie aufgrund einer Krank-

heit einfach nicht mehr einhalten können. Die Ursachen sind sehr vielschichtig und müssen individuell gelöst werden. Aber auch ein sonst unproblematischer Hund kann sich in der Wohnung friedlich „lösen" – dann gilt es richtig zu reagieren, denn kopfüber in die Pfütze ist nicht gestattet. Sich urplötzlich in einen tobenden Vulkan zu verwandeln und lautstark dem Hund die wildesten verbalen Beschimpfungen entgegenzuschleudern, hat nur einen Effekt, der Hund bekommt entweder die gewünschte Aufmerksamkeit oder macht sich „vor Angst in die Hose". Den Hund mit warmen Worten zu beruhigen, während er den Teppich befeuchtet, ist aber ebenso völlig kontraproduktiv, denn „Oh, was machst Du denn da?" hört sich für den Hund an wie ein Lob und damit wie eine Bestätigung.
Wird der Hund „auf frischer Tat ertappt", sollte er unmittelbar und sofort kommentarlos an den Ort gebracht werden, an dem er sich entleeren darf. Ohne großes „Buhei" wird dann die Pfütze entfernt und der Geruch neutralisiert, fertig. Es ist besonders unproduktiv, wenn der Schadensfall unbeachtet vor längerer Zeit geschehen ist und der Tatverdächtige bereits um die Ecke verschwunden ist. Dann sollte erst recht keine große Hektik aufkommen, weil der Vierbeiner nicht mehr reflektieren kann, was er gemacht hat, weil er nämlich eine Handlung und ihre Folgen nicht miteinander verknüpfen kann, wenn sie länger als ca. zwei Sekunden auseinanderliegen. Und danach wird er „das große Schimpfen" mit aufgerissenen Augen und ziemlich verunsichert mit einem großen Fragezeichen auf der Stirn über sich ergehen lassen.

Hundepfeifen sind super

Man nehme eine Hundepfeife und schon gehorcht der Hund, es gibt sogar die ernsthafte Meinung, dass der Hund sogar von Geburt an auf die Hundepfeife hört. Mit einer Hundepfeife im Mund kommt der Hund von ganz alleine zu uns Menschen gelaufen? Alles ganz ein-

fach mit der Erziehung! Aber ehrlich – da „pfeift der Hund drauf". Nur der Besitz einer Hundepfeife macht noch lange keinen Hund, der so reagiert, wie der Mensch es gerne hätte. Da muss das Mensch-Hund-Team noch etwas mehr Arbeit in eine gute Kommunikation investieren.

Hunde lernen durch die Verknüpfung von Signalen mit einer Handlung. Die Motivation ist für sie der Hauptantrieb, eine gewünschte Reaktion zu zeigen. Deswegen steht am Anfang zwar der Besitz einer Hundepfeife, aber im Anschluss folgt erst einmal die Konditionierung des gewünschten Hundeverhaltens auf das Signal „Pfeife". Das muss Schritt für Schritt erlernt werden, der Ton der Pfeife in gleichzeitiger Kombination und Verknüpfung mit dem Herannahen des Hundes zum Hundebesitzer und der wunderbaren Motivation: die Belohnung für richtiges Verhalten (Streicheln, Leckerchen,

Stimme, Spielzeug usw.). So kann die Hundepfeife mit viel sinnvoller Motivation auf Dauer die richtige Handlung beim Hund auslösen. Wie bei jedem anderen Kommando auch muss der Hund den Sinn einer Hundepfeife erst einmal verstehen. Aber lieber auch ohne Pfeife üben, denn was macht der Waidmann bloß, wenn auf Wald

und Flur die gleichen Modelle gleichzeitig unterwegs sind oder die eigene zu Hause auf dem Küchentisch liegt? Hier nützen ihm die, bei vielen Pfeifen geräuschlosen, Klänge gar nichts, auch wenn sie für den Hund teils bis zu drei Kilometer weit zu hören sind.
Die Tatsache, dass diese Pfeifen nicht wirklich lautlos sind, sondern nur für den Menschen unhörbare Schallsignale aussenden, ist in den Augen mancher Jäger für die Jagd ein Vorteil. Interessant ist aber, dass die benutzten Pfeifen nicht nur der Hund hören kann, sondern auch die meisten Tiere, die gejagt werden.

Ängstliche Hunde müssen getröstet werden Aus menschlicher Sicht betrachtet ist es durchaus nachvollziehbar, den Lebenspartner Hund in „beunruhigenden" Situationen zu besänftigen. Eine Ansprache des Hundes, ein Leckerli oder eine Spielaufforderung zur Ablenkung, Hochnehmen oder Streicheln. „Ist alles nicht so schlimm!" Das wird durchaus kurzfristigen Erfolg haben, ist aber auf Dauer das falsche Signal mit dem gegenteiligen Effekt. Der Hund wird immer unruhiger in genau diesen Situationen, denn er denkt „Oh, das muss ja schlimm sein, wenn mein Mensch mich da so beruhigt!"
Was passiert in einer Situation, die so bedrohlich auf unseren Hund wirkt? Ist der Auslöser für die beunruhigende Lage Angst (er weiß nicht genau, wovor), Furcht (er kennt den Grund) starke Erregung, oder ist es eine Stimmungsübertragung die vom Menschen ausgeht (was beunruhigt ihn)? Zittert der Hund, versteckt er sich, ist er in geduckter Körperhaltung, oder wird geknurrt, gebellt oder an der Leine gezerrt? Beispiele ließen sich noch meilenweit fortführen, aber eines steht fest: Der verantwortungsvolle Mensch als Leittier schafft mit der Beruhigung seines tierischen Partners nur eine Verschlimmerung des gezeigten Verhaltens. Denn der Hund wird durch die Besänftigung belohnt und in seinem gezeigten Verhalten bestärkt.

Die Reaktion des Menschen, auf die Situation näher einzugehen, bekräftigt den Hund darin, genau dieses Verhalten wieder und wieder zu zeigen. Das „verstärkt somit die Häufigkeit und Intensität des unerwünschten Verhaltens", wie Renate Jones berichtet. Dabei steigert sich knurren in noch öfter knurren, zittern in noch mehr zittern und bellen in noch mehr bellen usw., weitere Steigerungsformen inbegriffen. Die Steigerungsraten von knurren können sein: knurren, öfter knurren, noch mehr knurren, schnappen und schließlich beißen.

Ebenfalls wirken Beruhigungsversuche seitens des Menschen auf zwei sich anfeindende Artgenossen wie ein „Gut, weiter so" und ein lautes Brüllen als gemeinsames „Bellen". Dies gibt unserem Hun-

degenossen zusätzlich die letzte Sicherheit zum echten Teamwork („Zu zweit sind wir stark“ – „Gut, wenn der Mensch auch mitmacht“).
Mensch und Hund steigern sich so unbeabsichtigt immer weiter in einen Erregungskreislauf. Beide reagieren zunehmend, schon weit vorausahnend und sensibler auf die beunruhigende Situation, mit der Folge, dass man anfängt, die unangenehme Lage so oft wie möglich oder gänzlich zu meiden.
Im Grunde meint es der Mensch nur gut mit seinem Partner Hund. Teilweise einfach zu gut und zu viel des Guten. Mit normalem Weitergehen, einen Bogen laufen und so tun, als wäre alles nicht so schlimm, kann man als Leittier vorbildliche Dienste leisten.

Alle Kommandos mehrfach wiederholen!

„Bello, Bello?? Bellooo!!! ... Sitz, siiitz, sitz mal, nun sitz schon ...“ – Welches ist das meistgenannte Kommando bei der Erziehung des Hundes? Der Name des Vierbeiners. Der Name muss für alles herhalten: für Kommandos wie „Komm“, „Hier“, „Nein“, „Aus“, „Sitz“ und alles ähnlich Klingende. Nur die Tonlage, die gezeigte Körpersprache des Menschen und die starke oder weniger starke Ausdünstung des Menschen lassen den Hund erahnen, was jetzt zu tun ist. Manchmal hat er ja Glück und tut das Richtige.
Neben der ständigen Wiederholung des Namens gibt es auch die ständige Wiederholung der Kommandos. Beliebt ist die Wiederholung beim unerwünschten Entfernen des Vierbeiners, z. B. wenn er in den Wald davonläuft. Der Name wird gerufen und dann nochmal. Währenddessen kann der Hund immer schön orten, wo sich der „Rest des Rudels“ gerade befindet: „Ah, jetzt ist er noch da, wartet wohl, hm, dann kann ich ja noch ne Runde drehen – Ach jetzt ist er da, nun, da geht noch was ...“ Das hat für den Hund echte Vorteile, es gibt Sicherheit und Bestätigung und das auf Distanz, ganz schön clever.

Die üblichen Kommandos wie „Sitz“, „Platz“, „Aus“, „Nein“, „Pfui“ – auch in Englisch oder jeder anderen Sprache – brauchen nicht ständig wiederholt zu werden, sofern der Hund die Kommandos einmal richtig gelernt hat. Ein Kommando klar und deutlich ausgesprochen in einem normalen Tonfall versteht unser Vierbeiner recht deutlich. Die ständige Wiederholung eines Kommandos stumpft den Hund nur ab – eindeutige, kurze und klar ausgesprochene Kommandos, die der Hund gelernt hat und die mit der Situation eindeutig verknüpft sind, reichen aus. Das folgende Dutzend Kommandos

wird auf Dauer nur ignoriert. Auch Diskussionen mit dem Hund helfen nicht weiter, weil er unsere Sprache nicht versteht. Es bricht nur Langeweile aus, und die Aufmerksamkeit ist dahin. Eine fein abgestimmte Kommunikation mit unseren Hunden sollte keine Wiederholung, sondern nur eine Veränderung der Signale erfordern.

Preußische Erziehung muss sein

Dem Hunde, wenn er gut gezogen, wird selbst ein weiser Mann gewogen.

JOHANN WOLFGANG VON GOETHE

Hundeerziehung funktioniert nur, wenn sie streng oder autoritär ausgeführt wird – diese einseitige Betrachtung ist schlicht ein Irrtum. Das „Beherrschen" einer Situation mit dem Hund ist nicht mit dem „Herrschen" über den Partner Hund zu vergleichen oder gar zu verwechseln.

Sind die Rangverhältnisse zwischen Mensch und Hund stabil, ist die Verständigung bei der Erziehung meist einfach, freundlich und ohne autoritäre Strenge möglich. Der Weg dahin besteht in erster Linie aus Geduld und ruhiger Konsequenz, gepaart mit jeder Menge gutem Timing für das richtige Lob und den angemessenen Tadel.

Dabei ist das wichtigste Ziel einer erfolgreichen Erziehung, die verschiedenen Lebenssituationen im Alltag gemeinsam mit dem Hund meistern zu können, sodass der Hund in das Leben des Menschen eingebunden ist und sich dessen Regeln anpasst. Im Gegenzug ist der Mensch in der Verantwortung, der Veranlagung des Hundes entsprechend für ausgewogene Abwechslung sowohl körperlicher als auch geistiger Art zu sorgen. Damit der Hund innerhalb gesetzter Grenzen Hund bleiben darf.

Was die Erziehung eines Hundes angeht, kann man nur zusammenfassen: Es gibt kein Erfolgsrezept. Weder eine harte noch eine antiautoritäre Linie ist eine Patentlösung. Ganz abhängig vom Hundetyp, der z. B. durch Rasse, Geschlecht und Umfeld beeinflusst wird, formt der erziehende Menschentyp durch seinen Charakter, individuelle Erfahrungen und durch die begleitenden Lebensumstände die Erziehung des Vierbeiners.

Jedes Mensch-Hund-Team muss für sich eine geeignete Erziehungsmethode finden. Diese sollte voraussetzen, dass beide in einer ent-

spannten Atmosphäre lernen, nicht gestresst sind oder der Hund unausgelastet ist. Bei allen Lernschritten sollte die ganze Familie „an einem Strang ziehen", um den Hund nicht zusätzlich zu verwirren. Bei Tabus ist es ein Muss, sich konsequent daran zu halten, sonst nimmt der Hund diese auf Dauer nicht ernst und den Menschen schon gar nicht. Dafür ist eine klare Stellung und Positionierung des Hundes innerhalb des Familienrudels wichtig. Wobei genossene Privilegien des Hundes, wie z. B. erhöhtes Liegen, Einfordern und Durchsetzen von Streicheleinheiten, Verteidigen von Eigentum oder aufmerksamkeitsforderndes Fiepen oder Bellen zwar nicht bei allen, aber doch bei etlichen Hunden Rückschlüsse auf die jeweiligen Grundlagen der Hundeerziehung zulassen.
Mit Vertrauen, Souveränität, Geduld und Konsequenz, dem richtigen Zeitpunkt bei Lob und Tadel sowie mit Grenzen und Freiheiten in einer stabilen Rangordnung sollte der Freundschaft zwischen Mensch und Hund in allen Lebenslagen nichts mehr im Wege stehen.

Kleine Hunde brauchen keine Erziehung Sie sind kleiner als andere Hunde, temperamentvoll und verspielt, seidig weich anzufassen, und ihre großen Augen lassen ihnen keinen Wunsch unerfüllt – gerade die Zwergrassen wie Chihuahua, Pekingese oder Zwergpudel sind besonders anhänglich und lassen ihre Besitzer nie aus den Augen. Diese auch als „Schoßhunde“ bezeichneten Rassen suchen die Nähe ihrer Besitzer und bauen eine sehr enge Bindung zu ihnen auf. So wie bei anderen Rassen selbständiges Handeln als Verhalten herausgezüchtet wird, ist

die äußerst enge Bindung an ihren Menschen bei diesen Rassen durch entsprechende Züchtung erwünscht und daher als Verhalten angeboren. Dadurch entwickeln gerade diese kleinen Rassen eine enorme emotionale Abhängigkeit von ihren betreuenden Menschen. Umgekehrt ist das niedliche Gesichtchen ebenso gewollt, um durch das „kindliche“ Aussehen ein unbewusstes Pflegeverhalten beim Menschen auszulösen. Eine hohe Stirn, ein runder Kopf und große runde kugelige Augen lassen den Menschen in besonderer Weise „aktiv“ werden. Der Beschützerinstinkt ist geweckt!

Die Romantik ist allerdings dahin, wenn auch diese Zwerge erzogen werden müssen. Das vom Menschen und Hund gewollte System – „Bitte pflege und beschütze mich“ wird häufig als „Vermenschlichung“ missverstanden. Trotz züchterischer Auslese ist dieser kleine Hund ein Hund, der übrigens mit anderen Hunden kommuniziert und eine genauso hierarchisch orientierte Denkweise hat. Die Größe ist dort nicht von Bedeutung. Jeder sagt sich, was er zu sagen hat in der Sprache der Hunde.

Durch das „System“ dieser engen Bindung an den Sozialpartner Mensch gerät der Hund einerseits in eine starke Abhängigkeit vom Menschen, andererseits übernimmt er in dieser Partnerschaft vermehrt „Führungsrollen“. Der Hund agiert, der Mensch reagiert. Die Folgen sind, dass der Vierbeiner sich im Hundeleben unter Artgenossen oft nicht mehr zurechtfindet. Andererseits können der Führungsanspruch oder Verhaltensweisen wie Trennungsangst und das Verteidigen von Ressourcen wie Nahrung, Kissen oder Mensch auf Dauer auch dem friedvollsten Bindungspartner zu schaffen machen. Vieles ist eine Frage der Erziehung und die gleichen Gesetze im Zusammenleben gelten für kleine Hunde genauso wie für große Vertreter der Hundeartigen.

Für Welpen ist es zum Erziehen zu früh

Hundewelpen sind knuddelig, tapsig, verspielt und ungemein süß. Alleine ihr Anblick ist „herzerweichend“ und niemand kann sich ihrem Charme entziehen. Auf der Straße halten plötzlich wildfremde Personen an und sind entzückt von dieser kleinen Persönlichkeit. Noch weitverbreitet ist die Annahme, dass diese kleinen Wesen erst erzogen werden müssen, wenn sie älter sind. Es herrscht die Meinung, wenn so ein „Baby“ ein bisschen Unsinn macht, ist das noch nicht dramatisch. Diszipliniert wird der Hund erst, wenn er größer geworden ist.

Die Wahrheit ist, dass gerade im Welpenalter Hunde wissensdurstig sind, neugierig, verspielt und besonders aufnahmefähig. Genau dann probieren sie alles aus, auch in Bezug auf das Verhalten im Zusammenleben mit dem neuen Partner Mensch.

Das bedeutet, diese Zeit ist sinnvoll zu nutzen, um auf eine ruhige Art dem Welpen zu zeigen, was in einem gemeinsamen Leben gewünscht und unerwünscht ist. Erziehung ist dann nicht mit Härte oder Strenge zu verwechseln! Kommandos wie beispielsweise „Sitz", „Platz", „freudiges Herannahen", „Nein", „Such" oder „Schau" werden den Kleinen nicht eingetrichtert, um dann auf eine korrekte Ausführung zu bestehen. Vielmehr kommt es darauf an, in diesem Alter spielerisch die Bedeutung der Kommandos zu erlernen, die dann bei gezeigtem Verhalten belohnt werden. Das erleichtert im folgenden Junghundalter, die Signale noch fester mit dem gezeigten Verhalten zu verknüpfen, damit sie daraufhin gezielt abgerufen werden können. Vereinfacht kann man sagen, alles, was der Hund gut macht – im Sinn von dem, was erwünscht ist – wird gelobt. Das, was gezeigt wird und nicht gewünscht ist, wird mit einem Abbruchsignal, z. B. mit einem stimmlichen, einmaligen, tiefen und langgezogenen Ton mit „Na" oder „Nein" unterbrochen. Bei extremen Rabauken wird ein geschickter Griff über die Schnauze oder ein Hinunterdrücken des Körpers als Zeichen des „so geht das nicht" gesetzt.

Diese kleinen Lernschritte werden dann immer im Hinblick auf das später gezeigte Verhalten eines erwachsenen Tieres gemacht. Gute „Rudelführer" zeigen dem Welpen seine Grenzen und Freiheiten immer besonnen, konsequent und ruhig.

Diese ersten Lerneinheiten formen eine über viele Jahre hinweg bestehende Beziehung zum Menschen, fördern Vertrauen und legen den Grundstein für ein soziales Leben mit Zwei- und Vierbeinern.

Hunde machen alles unter sich aus

Der uralte Klassiker auf den Hundewiesen ist: „Das machen die unter sich aus!“

Was soviel heißen soll wie: „Komm, lass die mal machen, wir halten uns da raus.“ Vorneweg, bei besonders aggressiven Auseinandersetzungen ist auch von einem Eingreifen seitens des Menschen dringend abzuraten, die Verletzungsgefahr ist zu groß.

Ansonsten sollten Machtproben unter Hunden, die durch anfängliches Imponieren oder Drohen bis hin zu aggressivem Verhalten gekennzeichnet sind, schon von Anfang an beim Welpen unterbunden werden, indem der Mensch regulierend eingreift. Denn auch Welpen gängeln und dominieren andere, indem sie aufreiten oder wilde Schlägereien anzetteln. Dann gilt es die Rolle der „Hundemutter“ zu übernehmen, die eingreift und die Welpen nicht ihrem Schicksal überlässt. Oder so zu handeln wie bei älteren Tieren der Rüde, der in einem Rudel die Verantwortung übernimmt und für

Ruhe und Frieden sorgt. Dabei „blockt" er sich anbahnende Konflikte zwischen zwei Streithähnen ab, bevor es richtig losgeht. Grundsätzlich sind aggressive Auseinandersetzungen bei Säugetieren, die in Gruppen zusammenleben, ein Bestandteil der Verhaltensweisen in einem Sozialverband. Dabei wird in jungen Jahren spielerisch erprobt, wer der Stärkere ist. Aber wirklich ernsthafte Auseinandersetzungen gibt es innerhalb der Gruppe nur, wenn die Machtverhältnisse nicht klar sind. Bei Wölfen beispielsweise gibt es bei stabilen Rangverhältnissen kaum aggressive Austragungen.
Jetzt bildet der Hund im Haushalt des Menschen ein Rudel, und bei den Begegnungen mit anderen Mensch-Hund-Gruppen kann es zu Auseinandersetzungen kommen. Anfangs sind die „Prügeleien" für einen Hund noch spärlich gesät, hat er aber Erfolg, dauern Siegeszüge über Kameraden an. Der Erfolg funktioniert wie eine Selbstbelohnung. Provokante Verhaltensweisen wie Anstarren, Abdrängen, Imponieren, Drohen etc. provozieren dann weiteren Ärger. Greift der Mensch dann noch erregt und schreiend in diese Handlungen mit ein, ist es die Bestätigung für den Hund, dass es sich beim Gegenüber tatsächlich um einen wirklich feindlichen Gegner handelt. Es gibt viele Ursachen, die zu harmloser Rangelei oder ernsthaftem Konflikt führen, deswegen gilt: „Wehret den Anfängen."

Mit Lob und Strafe kann man sich Zeit lassen

Ein paar Minuten später ist doch egal – oder? Die Situation ist eindeutig: Sie kommen nach Hause und Ihr Lieblingsschuh ist zerkaut, die Zeitungen zerfetzt und obendrein fliegen die Daunen aus dem Kissenbezug überall herum. Der Übeltäter ist schnell gefunden ... Aber abgesehen von dem Aufwand der anstehenden Säuberungsaktion sowie dem Neukauf von Schuhen und Zeitungen ist die Zeit der Zurechtweisung für den gefundenen Täter Hund abgelaufen.

Andere Szene: Während eines netten Plauschs auf der Hundewiese mit anderen Hundefreunden rufen Sie Ihren tobenden Hund heran, weil sich beispielsweise Radfahrer nähern. Ihr Hund kommt sofort auf Ihr Kommando brav herbeigeflitzt. Was Sie aber während Ihrer Unterhaltung nicht bemerken. Erst nach ein paar Minuten sehen Sie ihren Hund an und loben ihn für das gute Hören – aber genau in diesem Augenblick hat er beschlossen, dem Radfahrer jetzt doch hinterherzujagen. Zu spät, nun wird der Jagdwunsch belohnt, das Herankommen nicht.

Dies bedeutet, dass der Hund schon nach etwa zwei Sekunden eine Situation nicht mehr mit einer zurückliegenden Handlung in Verbindung bringen kann. Das Verhalten, das er dann zeigt, spiegelt die Reaktion seines Menschen wider, der gerade besonders wütend oder begeistert ist. Oder er wird nach diesen zwei Sekunden automatisch sein aktuell gezeigtes Verhalten mit dem Lob oder der Strafe in Verbindung bringen. Nur ist es dann eine ganz andere Handlung, die verstärkt oder unterbunden wird, als die ursprünglich vom Menschen gewollte, und der Hund weiß eventuell nun so gar nicht mehr, was Sie meinen. Ohne das richtige Timing ist kein Lob und keine Zurechtweisung bei der Hundeerziehung etwas wert.

Stachelhalsband tut nicht weh

Der ein oder andere Hundehalter greift bei einem an der Leine ziehenden Hund gerne zu einem Stachelhalsband. So wird dem Hund ein Ziehen und Zerren am langen Arm des Menschen abgewöhnt. Im Übrigen „tut es dem Hund ja nicht weh, und wenn doch, dann soll der Hund das Ziehen eben lassen“. Das ist von Anfang bis Ende ein völliger Trugschluss! Denn mit dem Stachelhalsband, das im Beamtendeutsch mit dem passenden Ausdruck „Starkzwangmittel“ bezeichnet wird, erreicht man genau das Gegenteil von dem, was sich der Mensch unter einem Hund vorstellt, der brav an der Leine geht.

Dabei sind zwei entscheidende Dinge von Bedeutung. Zum einen, wie Tiere Schmerz empfinden und wie sie darauf reagieren, und zum anderen: Was passiert eigentlich, wenn sich in einer bestimmten Situation nun das Halsband in Fell und Haut des Hundes bohrt? Es spielen sich dabei sowohl in körperlicher als auch in psychischer Hinsicht, bezogen auf das Lernverhalten des Hundes, wirklich dramatische Vorgänge ab.

Will man Schmerz beurteilen, ist das erst einmal eine recht subjektive Angelegenheit, denn jeder, egal ob Mensch oder Tier, hat eine individuelle Schmerzempfindung. Fest steht jedoch, dass Hunde Schmerz empfinden, auch wenn der eine Hundetyp empfindlicher oder unempfindlicher ist als der andere. Bei der Schmerzbeurteilung sind zwei Aspekte entscheidend, einmal die Dauer des vorhandenen Schmerzes und zum anderen, ob der Schmerz Angst oder Furcht auslöst. Das ist wiederum für die Reaktionen des Hundes ausschlaggebend, denn Angst ist grundsätzlich ein Instinkt zum Überleben, Angst bezieht sich auf etwas, das als Auslöser nicht zuzuordnen ist, und dementsprechend dann auch keine Möglichkeit besteht, dem Schmerz auszuweichen. Bei Furcht ist die Ursache bekannt und es können Wege wie Flucht oder Abwehr genutzt werden. Bei beiden Reaktionen, egal ob Furcht oder Angst, gerät der Körper des Hundes in erhöhte Alarmbereitschaft und daraufhin setzen Gehirn und Körper des Hundes einen Handlungsprozess in Gang, unter anderem mit der Ausschüttung von Stresshormonen. Dies kann dann durch erhöhte Pulsfrequenz, akute Atemnot, Zittern, starkes Hecheln oder auch gesteigerte Blasen- oder Darmtätigkeit zu Verhaltensänderungen führen.

Weiter ist beim Lernverhalten des Hundes etwas Wichtiges zu bedenken: Der Hund lernt immer und in jeder Lebenslage und Lebenssituation, dabei registriert er ständig, was ihm guttut oder schadet, ob er Angst hat oder Spaß. Er lernt aus diesen Erfahrungen,

wie er sich das nächste Mal zu verhalten hat, um „überleben" zu können.
Dazu gehört, dass der Hund jede Situation als komplexe Einheit beurteilt: „Was passiert in der nahen Umgebung, wo befinde ich mich, wie verhält sich und riecht mein Mensch, was für Geräusche höre ich?" Der Hund reagiert dann objekt- oder ortsbezogen so, wie er es gelernt hat. Strategien, die oft erfolgreich waren, werden dann wiederholt. Das kann durch die Erwartung einer Belohnung sein, z. B. ein Leckerli, körperliche Nähe oder Aufmerksamkeit des Besitzers, oder das erfolgreiche Vertreiben eines potenziellen Feindes. Schlechte Erfahrungen werden gemieden und wenn das nicht geht und es keine Alternative gibt, geht der Weg „nach vorne" in ein klares Abwehrverhalten.
Jetzt kommt das Stachelhalsband ins Spiel: Das Prinzip des Halsbandes beruht angeblich auf einer Strafe durch Bisse in den Hals, was aber weder bei Wölfen noch bei Hunden eine Form der Bestrafung ist. Alleine die Durchführbarkeit, sich gegenseitig dauerhaft in den Hals zu beißen, widerspricht der Machbarkeit.
Die Anwendung des Halsbandes ist häufig zu sehen bei Hunden, die stark an der Leine ziehen, dabei bohren sich die Dornen des Halsbandes in das Fell und die Haut. Was tut der Hund in der Folge? Er versucht, vor dem andauernden Schmerz, den er spürt, zu fliehen. Eine klare Vermeidungstaktik, die im Übrigen nicht mit dem Halsband, sondern mit der Leine und dem daran hängenden Menschen und der Umgebung in Verbindung gebracht wird. Und das geht dann fröhlich weiter, wenn man auf diesem ohnehin „entspannten" Spaziergang einen Artgenossen trifft. Denn dann nimmt das Drama seinen Lauf: Der Mensch zieht an der Leine, der Hund erwidert und zieht noch mehr. Was dann folgt: Das Halsband schmerzt noch stärker am Hals, der Mensch zieht den Hund nah an sich heran und belohnt ihn damit, dabei steht dann der gezogene Hund zufällig dro-

hend auf den Hinterbeinen, er schnappt nach Luft. Wie kommt das wohl bei dem fremden Hund an? Der Mensch ist jetzt schon ziemlich gestresst, was seinem Hund nicht verborgen bleibt, dann ruckt er auch noch an der Leine, um den heftig Herumstrampelnden halten zu können. Im Hundeorganismus gehen sämtliche Alarmsignale an, neben dem Ausschütten von Stresshormonen wird die Halsschlagader abgeschnürt, das führt wiederum zu einem erhöhten Blutdruck. Der Effekt: Durch den steigenden Blutdruck wird der Hund aggressiv. Alle Beruhigungsversuche sind vergebens, die übrigens beim Hund als Bestätigung ankommen, das Halsband schmerzt weiter, und was bleibt am Ende: ein völlig erschöpfter Mensch und sein Hund. Der fremde Artgenosse hat dabei entweder fröhlich mitrandaliert oder schleunigst das Weite gesucht. Der Hund am Stachelhalsband hat dabei nur eines gelernt: „Den besagten Hund verknüpfe ich hier und jetzt mit Schmerzen und Hektik, aber ich habe ihn erfolgreich vertrieben. Mein Mensch bestärkt mich dabei und kämpft fleißig mit.“ Diese Begegnungen gibt es manchmal auch ohne Stachelhalsband, aber nicht verbunden mit einem Dauerschmerz.

Manche Rassen sind nicht zu erziehen

Zugegeben – Hunde, die durch entsprechende Züchtung auf Rassemerkmale gezogen wurden, bei denen Verhaltensweisen im Vordergrund stehen, wie beispielsweise enge Zusammenarbeit mit dem Menschen, große Bereitschaft zur Mitarbeit, Verspieltheit, Lernfähigkeit, wenig Jagdtrieb und wenig selbständiges Handeln, haben bei der Erziehung einen enormen Vorteil. Die Motivation dieser Hunde ist größer, und das gewünschte Lernziel ist oft schnell erreicht. Es ist aber falsch zu glauben, bestimmte Rassen, wie z. B. Dackel, Terrier, Nordische Hunde oder Herdenschutzhunde, seien nicht zu erziehen.

Jeder Hund ist zu erziehen, nur jeder innerhalb seiner Möglichkeiten und der seines Ausbilders. Nach dem Charakter des Hundes richtet sich seine Bereitschaft, etwas zu lernen, und wie schnell etwas gelernt wird. Das hat nichts mit Intelligenz zu tun! Sondern mit Merkmalen, die der gewollten Züchtung einer Rasse entsprechen. Hunde, die vermehrt zu eigenständigem Handeln gezüchtet sind, tun sich schwerer, nach strikten Vorgaben zu arbeiten als eine Rasse, die auf eine enge Zusammenarbeit mit dem Menschenpartner ausgelegt ist. Aber ausschlaggebend für die Erziehung bei jeder Rasse ist neben der typgerechten Motivation, wie z. B. Spielzeug, Futter oder Suchspiele, auch die Erwartungshaltung des Menschen. Je höher die Erwartung des Hundeführers ist, desto mehr Druck wird dem Hund gegenüber aufgebaut, und die entspannte Lernatmosphäre ist dahin. Mal ganz davon abgesehen, dass zum Erlernen einer Verhaltensweise zwischen 2.000 bis 6.000 Lerneinheiten unter verschiedenen Bedingungen geübt werden müssen, um sie fest im Verhaltensrepertoire zu verankern. Da kann dann manch ein Hund schon mal länger brauchen als ein anderer, um das Lernziel zu erreichen. Nun ist der geduldige Mensch am Zug, einen kreativen Weg zum gemeinsamen Erfolg mit seinem Hund zu finden.

Ist der Hund gesund, freut sich der Mensch

Die Nase muss kalt und feucht sein Wenn die kalte, feuchte Nase Gesundheit bedeutet, dann ist der Hund bei einer warmen, trockenen Nase krank und hat Fieber – würde dieses Gerücht der Wahrheit entsprechen, könnten wir allen Hunden und Besitzern das leidige Fiebermessen ersparen. Ein kurzes Inspizieren der Nase, ein kurzer Druck mit dem Finger, das Ergebnis – ab zum Tierarzt oder aber Beine hochlegen.

Vermutlich hat sich dieses Gerücht so hartnäckig gehalten, seit der populäre Loriothund Wumm seinem Elefantenkameraden Wendelin einen Song vorgesungen hat, indem er ihm vormusizierte, wie gesund er ist mit seiner feuchten Nase. Tatsache ist, dass die Nase eines Hundes nicht so viel über dessen Gesundheitszustand aussagt, wie man allgemein denkt. Eine warme Nase bedeutet ebenso wenig, dass er krank ist, wie eine kalte Nase beweist, dass er gesund ist.

Die Funktion der Nasenfeuchtigkeit besteht in erster Linie darin, die Nase kühl zu halten. Durch zahlreiche Schweißdrüsen auf der Hundenase bildet sich Feuchtigkeit, die wiederum für die Aufnahme und Weiterleitung von Gerüchen zuständig ist. Dabei sammeln sich die wasserlöslichen Duftmoleküle auf der Nase, die im nächsten Schritt durch die Feuchtigkeit aufgelöst weiter tief hineingeleitet werden. Ein mittelgroßer Hund kann dafür am Tag über einen halben Liter Schleim bilden, der bei manchen Rassen auch überflüssig „herabsabbert".

Besteht der Verdacht, dass die Temperatur des Hundes erhöht ist, kann das nur sicher durch Fiebermessen festgestellt werden. Auch das Ohr kann nicht zur Temperaturbestätigung „herangezogen" werden, denn nur die Körperinnentemperatur ist zuverlässig, und die ist beim Hund höher als bei uns Menschen.

Hundespeichel ist infektiös

Die Warnung kommt zuerst: „Den Hund nicht über das Gesicht schlecken lassen", „Nicht die Hände ablecken lassen", „Gründlich Hände waschen". Hundespeichel überträgt Krankheiten und ist für den Menschen schädlich.

Bisher ist nur der durch Hundespeichel bekannt gewordene russische Physiologe Iwan Pawlow mit diesem Thema in die Schlagzeilen gekommen. Sonst ruht der See über dieser heiklen Körperflüssigkeit, die so im Verruf steht, dem Menschen zu schaden. Dabei kann Hundespeichel eine ganze Menge mehr, als nur Nahrung weiterzuleiten und konditioniert vor sich hinzutropfen.

In der Antike gab es eine jüdisch-hellenistische Überzeugung, Speichel habe eine magisch-medizinische und heilende Kraft. Dabei wird in der Literatur angeführt, dass z. B. das Lecken der Wunden durch Hunde heilend wirke. Zu dieser Zeit war dies eine übliche Heilpraxis. Auch in der Bibel, Lukas 16,21, findet sich der Hinweis: „Die Hunde belecken Lazarus' Geschwüre." Wenn Tiere Wunden haben, dann lecken sie diese Wunden, damit sie heilen. Sie tun das auch bei Mitgliedern des eigenen Rudels.

Speichel oder lateinisch „Saliva" ist erst einmal nichts anderes als ein Sekret aus Speicheldrüsen, die bei einigen inneren Organen sowie als zahlreiche kleine Drüsen in der Mundhöhle zu finden sind. Dort hat der Speichel die Funktion, die Mundschleimhaut und den Zahnschmelz zu schützen, als Reinigung, zur immunologischen Abwehr, als Lösungsmittel für die Geschmackserkennung sowie zur Vorverdauung von Stärke und als Gleitmittel beim Nahrungstransport.

Das klingt erst einmal nicht spektakulär, aber beim genauen Hinsehen der Aufzählung fällt die „immunologische Abwehr" auf. Was es damit auf sich hat, vermutete der schwedische Naturforscher Carl von Linné schon vor langer Zeit. Er behauptete ebenfalls, dass der Hund durch Belecken Wunden heilt. Damals war man nur unsicher, ob der Spüleffekt die Heilung ausmachte oder ob der Hundespeichel antiseptisch wirkte.

1986 konnten amerikanische Wissenschaftler nachweisen, dass der Hundespeichel nicht nur antibakterielle, sondern auch granulationsfördernde Substanzen enthält und dadurch die Heilung von Wunden beschleunigt.

Bereits 1922 entdeckte Alexander Fleming das Enzym „Lysozym", das neben dem Speichel auch in Tränenflüssigkeit, Nasen- und

Darmsekret und in Blutplasma nachzuweisen ist. Lysozym, wie es im Speichel enthalten ist, hat bakterizide Eigenschaften und wehrt schädliche Eindringlinge ab, indem es die Zellwand bestimmter Bakterien auflöst und sie so unschädlich macht. Tränenflüssigkeit enthält beispielsweise viel Lysozym und schützt so das Auge vor Bakterien.

Ja, das zum Mythos „infektiöser Hundespeichel" – ach ja, die Bakterien, Viren, Würmer? Bakterien, Parasiten und Viren sind überall in unserer unmittelbaren Umgebung vorhanden, es findet ein regelrechter Erregerbeschuss statt, im Kindergarten, im Küchenhandtuch, im Küchenschwamm, auf der Computertastatur, im Sandkasten oder in der Gartenerde. Sie halten weit mehr Infektionsherde bereit als der Hund, der durchs Gesicht oder über die Hand schleckt. Aber so wie es keine keimfreie Umgebung gibt, ist auch der Hundespeichel trotz Lysozym nicht keimfrei. Bakterien und Viren sind allgegenwärtig – aber ein gesunder Organismus wird damit normalerweise problemlos fertig. Vorsicht ist geboten bei Bissen, da die wirklich gefährlichen Bakterien unter Luftabschluss in den Zahntaschen und am Zahnrand zu finden sind. Und bekanntlich ist da der Menschenbiss besonders schlimm.

Das Thema Würmerbefall soll aber nicht unerwähnt bleiben, wo doch dem Hundespeichel schon soviel überzeugend Gutes nachgesagt wurde.

Die Übertragung von Würmern resultiert in erster Linie aus dem Lecken der Hunde am Anus, hierdurch gelangen Wurmeier in den Mundraum und somit in den Infektionskreislauf. Dieser Kreislauf ist für spezielle Wirte vorgesehen, wie z. B. andere Hunde, und infiziert nur eingeschränkt den Menschen. Aber dennoch kann es Infektionen mit Spul- und Fuchsbandwürmern sowie dem Hundebandwurm geben. Neben dem Hund, der diese Würmer überträgt, finden sich in der Umgebung des Menschen aber noch weitere Infektions-

wege. Der Fuchsbandwurm wird z. B. auch durch den Verzehr von tiefhängenden Beeren in Waldnähe, die Spulwürmer über verunreinigtes Trinkwasser oder Gartenerde übertragen. Dank der heutigen Medizin haben die meisten Würmer ihren ganz großen Schrecken verloren, dennoch sollte Wurmbefall sofort behandelt werden.
Wenn die Hunde gesund sind und regelmäßig entwurmt werden, muss der Speichel unserer vierbeinigen Hausgefährten aber kein Schreckgespenst mehr sein.

Hundeflöhe beißen Menschen

Wer mit Hunden ins Bett geht, steht mit Flöhen wieder auf.

DEUTSCHES SPRICHWORT

... das sei niemandem gegönnt, denn Flöhe gehören zu den weniger beliebten Haustieren. Aber bis es soweit kommt, dass der Mensch mit Flöhen aufwacht, muss ein Hund schon allerhand Krabbeltiere auf sich vereinen, die dann aus reiner Verzweiflung nach Alternativen suchen oder sich einfach nur verirrt haben. Zur Beruhigung sei gesagt, dass Menschenflöhe in unseren Regionen ausgestorben sind und was da auf unseren haarigen Vierbeinern „kreucht und fleucht" meist der Katzenfloh ist, seltener aber der Hundefloh.
Es gibt etwa 2.000 Floharten, da kann sich das eine oder andere nur wenige Millimeter große bräunliche Tierchen mal verirren. Am aktivsten ist der Katzenfloh (*Ctenocephalides felis*), der sich auch gerne den Hund als passenden Wirt aussucht. Auch wenn Flöhe am allerliebsten wirtsspezifisch leben, so ist der Katzenfloh nicht sehr wählerisch, da die erwachsenen Flöhe zum Überleben ständig auf Blutmahlzeiten angewiesen sind. Nur wenn wegen Überfüllung kein verfügbarer Platz mehr vorhanden ist oder eine Alternative fehlt, sucht sich der Floh andere Wirte, um Blut zu saugen, und auf der Suche begegnet er auch dem Menschen. Was dann dazu führt, dass

der herumirrende Floh mit drei Stichen antestet, ob er sich auf dem richtigen Wirt befindet. Diese kleinen Stiche sind bevorzugt im Bereich der Füße, Knöchel und Waden zu finden und hinterlassen rote, juckende Stellen auf der Haut. Normalerweise stellt der Floh beim Menschen nach diesem Test fest, dass er sich im Wirt vertan hat, und hüpft weiter.

Das eigentlich Unangenehme ist, dass nur etwa 5 % der krabbelnden Tierchen auf dem Tier bzw. Hund leben. 95 % leben als Eier, Larven oder Puppen in der Wohnumgebung des Hundes und des Menschen. Da wären ein kuscheliger Schlafplatz, ein weicher Teppich, Teppichboden, Polster und Decken zu nennen, aber auch das ganze Haus oder der Garten können betroffen sein. Überall dort, wo der Hund sich wohlfühlt, findet der Flohnachwuchs ideale Bedingungen. Ein Flohweibchen kann bis zu 50 Eier am Tag legen und produziert während seines Lebens rund 2.000 Eier, diese fallen einfach vom Hund ab und entwickeln sich in der Umgebung des Hundes zu Larven, die sich bei entsprechender Luftfeuchtigkeit und Temperatur in ein bis zwei Wochen verpuppen. Dann entwickelt sich in der Puppe, oft ungesehen und unter Staub bedeckt, während acht Tagen bis zu sechs Monaten ein Floh. Nach diesem Puppenstadium passiert das eigentlich Ungeheuerliche – die erwachsenen Flöhe warten im Kokon auf ihr Opfer, indem sie auf Erschütterung reagieren, oft über ein Jahr! Nähert sich dann ein potenzielles Opfer, wird das Schlüpfen des Flohs durch die Erschütterung ausgelöst. Die frisch geschlüpften Flöhe beißen dann erst einmal was vorbeikommt, um den richtigen Wirt zu finden.

Ein flohfreier Hund bedeutet also keine Entwarnung, die Flohgefahr kann noch lange irgendwo ungesehen lauern, und daher sollten der Hund und seine Umgebung umfangreich behandelt werden! Erst recht, da der Floh dem Hund auch gesundheitlich schaden kann. Es ist kaum bekannt, dass der Floh den Hundebandwurm überträgt!

Zum Glück gibt es ja wenigstens keinen Menschenfloh mehr, und so kann man zusammenfassen: Wenn der Mensch mit „Flöhen aufwacht“, dann waren die Flöhe entweder schon länger da oder die Krabbeltiere sind von einem flohüberfüllten Hund auf Erkundungstour unterwegs.

Zahnstein ist harmlos

Die mit Abstand häufigste Hundekrankheit ist Zahnstein! Es fängt ganz harmlos an. Ein bisschen Mundgeruch, gerötetes Zahnfleisch, verfärbter Zahnbelag. Kein Problem, ist ja normal beim Hund.

Das Übel nimmt seinen Lauf – es bildet sich nach dem harmlosen Zahnbelag in der Folge Zahnstein. Dieser ist eine Verkalkung des anfangs zähen Belags, der aus Hundertmillionen Bakterien besteht, die sich auf der Zahnoberfläche sammeln und ablagern. Immer noch kein Problem, denkt man, doch Zahnstein ist eine große Gefahr für die Gesundheit der Zähne und hat auf Dauer Einfluss auf das Wohlbefinden des gesamten Hundes. Denn die im Zahnstein eingelagerten Bakterien scheiden Gifte (Bakterientoxine) aus, die zu Entzündungen des Zahnfleischs führen. Mit der Zeit bildet sich das Zahnfleisch zurück, und die Zähne werden erst locker und können dann sogar ausfallen. Abgesehen davon, dass der Zahnverlust das schlimmste Übel ist, verursacht der lockere Zahn beim Kauen Schmerzen. Der Hund frisst mit der Zeit weniger und nimmt daraufhin immer mehr ab, das Allgemeinbefinden ist gestört.

Das ist alles nicht so neu und durchaus nachzuvollziehen. Aber damit nicht genug: Da Zahnstein ein Bakterienherd ist, schädigt er auf Dauer den gesamten Organismus des Hundes. Innere Organe wie Herz, Niere und Leber können chronisch erkranken.

Viele Faktoren können diese Entwicklung beschleunigen, z. B. eine fehlerhafte Ernährung, Veranlagung, Krankengeschichte oder das Alter des Hundes. Daneben begünstigt ein sehr alkalischer Hundespeichel, der mit seinem pH-Wert bei etwa 8,6 liegt – beim Menschen liegt er zum Vergleich zwischen 6 und 7 – die Bildung von Zahnstein. Regelmäßige Kontrolle und die Pflege des Hundegebisses sind neben ausgewogener Ernährung und der Möglichkeit für den Hund, auf etwas herumzukauen, die beste Voraussetzung, um gesund zu bleiben und „noch lange kraftvoll zubeißen" zu können.

Welpen brauchen viel Bewegung

Endlich ist er im neuen Zuhause angekommen, der Hundewelpe. Tollpatschig, mit großen Pfoten und dickem Babybauch. Endlich ist er da, der zukünftige Spielgefährte für die Kinder, der Sportkamerad, der Wachhund, Jagdhund, Hütehund oder einfach nur Familienmitglied. Jetzt kann es ja losgehen! Die Erwartungen an Mensch und Hund sind groß, und es soll ja alles gut laufen, von Anfang an. Dazu gehört, dass Hunde viel Bewegung brauchen. Sagt man so – aber Welpen zählen in diesem Fall noch nicht dazu, der Junghund übrigens auch nicht. Wenn Welpe und Junghund noch im Wachstum sind, besonders in den ersten Monaten, sollten Knochen und Gelenke nicht überfordert werden. Besonders große Rassen sind davon betroffen. Denn zu viel Bewegung kann spätere Gelenkbeschwerden oder Deformationen des Skeletts verursachen. Studien belegen sogar, dass man mit Bewegungseinschränkung in Kombination mit gezielter Fütterung bei genetisch ungünstiger veranlagten Hunden die Entwicklung von Gelenkproblemen verhindern oder zumindest stark reduzieren kann. So kann als Bewegungsvorbild der verwandte Wolf dienen, denn die Junghunde gehen erst im Alter von ca. neun Monaten mit auf die größeren Streifzüge. Vorher besteht bei ihnen der Tag aus kurzen Bewegungen mit Spielphasen, längeren Schlaf- und Ruhepausen.

Für Hundewelpen und Junghunde gerade der größeren Rassen gilt daher die Devise: besser mehr spielen, als zu lange laufen. Und beim

Spielen immer wieder Ruhephasen gönnen, wenn die Kleinen nicht ohnehin vor Müdigkeit zwischendurch „umfallen“. Am besten die Spaziergänge kürzer gestalten und dafür lieber öfter gehen. Auch ohne lange Wege kann man als Team gemeinsam die spannende Welt erkunden.

Hunde sehen alles grau in grau

Die Annahme, Hunde könnten nur schwarz-weiß sehen und würden so in einer grauen, farblosen Welt leben, stimmt nicht. Ein Glück für unsere Hunde, kann man da nur sagen.

Sie können den blauen Himmel sehen und die Sonne, wenn sie scheint, nur die Ampel mit den Farben Rot, Grün, Gelb können sie nicht deuten. Unsere Hundepartner würden immer bei Gelb verharren. Wieso? Weil unsere Hunde zwar Farben sehen und bewerten können, aber nicht so viele Farben erkennen wie wir. Die Folge ist, dass Hunde wie ein farbenblinder Mensch nur ein begrenztes Farbspektrum sehen.

Beim Farbsehen sind sogenannte Zäpfchen im Auge für ein scharfes und detailgetreues Bild sowie für die Wahrnehmung der Farben zuständig. Dabei ist die Zahl und Art der Zäpfchen, die im Gehirn die Wellenlänge des Lichtes in Farben umwandeln, für die Schärfe, Details und Farbe des ankommenden Bildes ausschlaggebend. Dafür benötigt der Mensch drei Typen von Zäpfchen: Einer reagiert auf Blau, einer auf Grün und auf Orangerot ein dritter. Im Gehirn wird aus der Summe der Signale eine Farbe zusammengesetzt. So sehen wir das Farbspektrum Violett, Blau, Blaugrün, Grün, Gelb, Orange und Rot.

Nehmen wir einen Menschen, der farbenblind ist, so fehlt ihm ein Zäpfchentyp. Er kann zwar mit zwei Farbtypen auch Farben sehen, aber in der Summe weniger. Dieses Phänomen haben wir auch bei unseren Hunden. Sie besitzen nur zwei Zäpfchentypen, Blau und

Gelb. So ist zu erklären, dass Hunde Rot und Grün schlechter sehen als Menschen. Sie sehen die Farben Dunkelblau, Hellblau, Grau, Hellgelb, Dunkelgelb (eine Art Braun) und ein sehr dunkles Grau. Zusammengefasst: Hunde nehmen ihre Umwelt in Tönen von Blau und Gelb wahr. Grün, Gelb und Orange erscheint ihnen als gelblich, Violett und Blau als Blau. Blaugrün ähnelt einem Grau. Rot ist für sie nur schwer erkennbar, es dürfte ihnen als sehr dunkles Grau oder sogar Schwarz erscheinen.

Dabei achten Hunde nicht nur auf Farben, sondern auch auf Farbkontraste, die in wichtiger Kombination mit dem Geruchssinn die „Feindaten“ liefern. Ganz entscheidend ist hier die Auswertung der Bewegung, eine der am besten entwickelten Sehfähigkeit des Hundes im Gegensatz zu uns Menschen.

In erster Linie sind bewegte Objekte für die „Jagd“ interessant. Geräusche und Gerüche dienen dabei der Orientierung und zum Aufspüren der „Beute“. So richtig zielsicher wird der Hund aber erst, wenn er die Beute im Blick hat. Ist das Objekt der Begierde dann rich-

tig schön in Bewegung, kann er es zehnmal besser wahrnehmen als der Mensch und das bei geringsten Lichtverhältnissen!
Achten Sie also in Zukunft genau auf das rote Bällchen, das Ihr Hund im Gras suchen soll, er wird es nämlich nicht anhand des grellen orangeroten Farbtones finden, sondern eher am Geruch oder der Flugbewegung. Gerade im Gras ist ein rotes Spielzeug schwierig zu erkennen, denn beides, das Spielzeug und das Gras, erscheint ihm gelblich-grau. Verwöhnen Sie ihn doch mit gelbem und blauem Spielzeug, dann spielt auch sein Auge mit.

Hunde hören viermal besser als Menschen

Bekannt ist, dass Hunde ein erstaunlich gutes Gehör haben, aber wirklich detaillierte Kenntnisse über ihr Hörvermögen konnten erst vor Kurzem ermittelt werden. Daher kursieren grobe Formeln über die Leistung des Hundegehörs. Die Formel „Hunde hören viermal besser als der Mensch“ ist nach einer Recherche von Stanley Coren wohl auf eine Fallstudie des kanadischen Forschers P.W.B. Joslin an Timberwölfen im Algonquin Park zurückzuführen. Dabei konnten gefangene Wölfe ausgesendete Heulrufe aus sechs Kilometern Entfernung hören, der Mensch hörte bei völliger Ruhe erst etwas bei anderthalb Kilometern.
Mittlerweile konnten Forscher mit Hilfe neuer Testsysteme feststellen, dass Hunde bestimmte Töne im hochfrequenten Bereich sogar 100-Mal besser hören als der Mensch. Das ist wirklich enorm und da wundert es nicht, dass der Vierbeiner den Menschen so manches Mal in Erstaunen versetzt.
Hunde hören wie wir Menschen gesendete Schallwellen, die erzeugt werden, wenn sich Luftmoleküle in Bewegung setzen. Die Töne, die dann entstehen, bestimmen sich über die Lautstärke gemessen in Dezibel (dB) oder Tonhöhe (Tonfrequenz). Eine Tonfrequenz wird in Hertz (Hz) gemessen und bezeichnet die Anzahl der Schwingungen

einer Schallwelle pro Sekunde. Je höher eine Hertzzahl ist, desto höher ist der Ton.
Ein junger Mensch mit einem guten Gehör kann beispielsweise Töne bis zu einer Frequenz von 20.000 Hz hören. Ein Hund kann noch erheblich höhere Töne wahrnehmen, je nach Hunderasse liegen die Frequenzen zwischen 47.000 bis 65.000 Hz. Das sind 47.000 bis 65.000 Schwingungen pro Sekunde! Kaum vorstellbar.
Auch bei der Lautstärke muss der Mensch passen. Zum Vergleich: Ein leises Flüstern liegt bei etwa 30 dB, ein lautes Radio bei 80 dB und eine normale Unterhaltung bei 60 dB. Der Hund hingegen kann im Bereich von 3.000 bis 12.000 Hz noch Töne bis in die technischen Minusgrade, -5 bis -15 Dezibel, wahrnehmen. Das zeigt eine hohe Empfindlichkeit gerade bei leisen Tönen, die vom Menschen auf keine natürliche Weise gehört werden können.
Beruhigend ist, dass Tonbereiche, die etwa einer normalen Unterhaltung gleichen, bis hin zu einem leisen Flüstern (Frequenzbereich 2.000 Hz bis hinunter zu 64 Hz) von Hund und Mensch in gleicher Form wahrgenommen werden, ebenso wie die Wahrnehmung tieferer Töne.
Die großen Unterschiede besonders bei Hochfrequenzen kommen übrigens dem Hund besonders bei der Jagd zugute. Beutetiere wie Mäuse oder Ratten erzeugen hohe Frequenzen, die der Hund wahrnehmen kann, um sie dann aufzuspüren.
Wie sensibel Hunde im Alltag auf hohe Töne reagieren, wird deutlich bei Geräuschen, die durch laufende Motoren entstehen. Durch die Rotationen in der Maschine entstehen quietschende Geräusche, die für den Menschen kaum oder nicht wahrzunehmen sind. Hunde hören aber diese hochfrequenten Quietschtöne bei Automotor, Staubsauger, Mixer oder Rasenmäher. Das ist besonders schmerzhaft für Hundeohren. Man sollte sich also nicht wundern, wenn der Hund einen großen Bogen um motorisierte Geräte macht.

Ob Stehohr oder Schlappohr – alle Hunde hören gleich gut

Was ist da los? Gefahr im Verzug oder eine pikante Beute? Für die Vorfahren unserer Hunde war es überlebenswichtig, ein Geräusch frühzeitig zu orten.

Aber ist es nicht egal, welche Ohrform ein Hund hat? Schließlich „hören die alle gleich gut“, denkt man sich so einfach. In Wahrheit haben Wölfe, die Vorfahren unserer Hunde, nicht umsonst ihre aufrechten und spitzen Ohren, ebenso wie alle anderen Wildcaniden. Sie lassen sich wunderbar in alle Richtungen drehen und können jedes kleinste Geräusch sofort hören.

Die selektive Zucht hat bei unseren Hunden je nach Rasse verschiedene Ohrformen und -stellungen hervorgebracht. Heute gibt es große Stehohren wie beim Schäferhund oder kleine wie beim Chow-Chow, Fledermausohren, wie sie bei der Französischen Bulldogge zu finden sind oder Rosenohren beim Whippet. Desweiteren die Hängeohren vieler Jagdhunde und Terrier sowie die Korkenzieherohren beispielsweise des Bassets. Alle Ohren haben jedenfalls eines nicht gemeinsam, wie man annehmen könnte: Sie hören nicht alle gleich gut! Hunde mit spitzen, aufrechten Ohren haben Hörvorteile vor den Schlappohren. Sie können nicht nur ihre Ohrmuscheln genauer in eine bestimmte Richtung drehen, sondern sie sind auch in der Lage, Geräusche wie mit einem Trichter

zielgenauer zu erfassen. Die Schlappohren-Fraktion hat hingegen den Nachteil, dass alle Geräusche bei ihnen wie durch einen Filter oder Deckel ankommen. Darunter leidet nicht nur die Qualität des Geräusches, das nur in abgedämpfter Form ins Ohr eindringt, sondern gleichermaßen die Richtungserkennung, da sich Schlappohren weniger drehen können. Aber der Nachteil bei der enormen Hörleistung unserer Hunde ist geringfügig und gilt daher nicht als Ausrede für „schlechtes Hören“ bei „Schlappohren“.

Hunde gehen auf Händen und Füßen

Hunde laufen so, als würden wir uns auf „allen Vieren“ fortbewegen. Genau genommen läuft der Hund aber nicht auf „Händen und Füßen“, sondern auf „Fingern und Zehen“. Vorsicht beim Nachmachen: Wir stoßen bei den Fingern auf Bewegungsgrenzen!

Bei genauer Betrachtung des Hundes kann man Vergleiche mit der menschlichen Anatomie anstellen. Das erste Gelenk über den Pfoten an den Vorderläufen der Hunde sind die Vorderfußwurzelgelenke, diese lassen sich mit den Handgelenken vergleichen, etwas höher an den Hinterbeinen findet sich der Vergleich mit dem menschlichen Fußgelenk und der Ferse. Das ist nämlich nicht das Knie, wie schon mal angenommen wird, dieses liegt darüber, und auf gleicher Höhe kann man an den Vorderbeinen wiederum den Vergleich zum Ellenbogen des Menschen ausmachen.

Es sind schon zahlreiche verblüffende Ähnlichkeiten festzustellen, trotz der unterschiedlichen Ausprägung bzw. Rückbildung einiger Knochen. Denn je nach Tierart fand im Laufe der Entwicklungsgeschichte eine unterschiedliche Rückbildung in Anzahl und Größe der Fußstrahlen oder Zehen statt. Die Rückentwicklung ist dabei beim Pferd am weitesten fortgeschritten, es bewegt sich quasi auf der Spitze des Mittelfingers.

Insgesamt werden drei Arten der „Fußung“ unterschieden: Der Sohlengang, dabei berührt der ganze Fuß den Boden, z. B. bei Bären und beim Menschen. Den Zehengang, bei dem nur die Zehen den Boden berühren, finden wir beispielsweise bei Hund und Katze. Ein Vertreter des Zehenspitzenganges ist das Pferd, es balanciert wie eine Primaballerina allein auf der Spitze eines einzigen „Fingers“ und hält damit Bodenkontakt.

Die Läufigkeit dauert nur drei Tage

Diese häufig noch im Denken der Hundebesitzer verankerte Meinung ist falsch und kann zu unerwünschten Folgen führen, wenn nicht gerade Nachwuchs geplant ist. Denn während die Blutung der Frau als Abbaublutung der Gebärmutterschleimhaut zu verstehen ist und sich an die fruchtbaren Tage anschließt, läutet die Läufigkeitsblutung der Hündin den Beginn der Fortpflanzungsbereitschaft ein.

Aber auch die Häufigkeit der Zyklen unterscheidet sich wesentlich bei Mensch und Hund. Die Regelblutung der Frau wiederholt sich in regelmäßigen Abständen ca. alle 28 Tage, Hündinnen werden im Verlauf eines Jahres durchschnittlich nur zweimal läufig, wobei allerdings große rassebedingte, aber auch individuelle Unterschiede bestehen. Außerhalb der sichtbaren Läufigkeit erscheint die Hündin „hormonell inaktiv“. Der Hundezyklus ist jedoch weitaus komplexer, und die hormonelle Aktivität ist deutlich länger als die sichtbaren Läufigkeitsanzeichen.

Aus medizinischer Sicht werden vier Phasen im Zyklus der Hündin unterschieden, die individuelle Variationen in der Dauer aufweisen. Die Läufigkeit selbst wird dabei in zwei Phasen unterteilt, die Vorbrunst, während der die eigentliche Läufigkeitsblutung zu beobachten ist, und die sich daran anschließende „Standhitze“, in der die Hündin ihre Deckbereitschaft zeigt.

In der sogenannten Vorbrunst (*Proöstrus*; lateinisch für *pro*: vor, *oestrus*: Raserei, Begeisterung), zeigt die Hündin die typischen Läufigkeitssymptome wie Schwellung der äußeren Scham und blutigen Ausfluss. Sie wirkt attraktiv auf Rüden, zeigt jedoch bei zu viel Aufdringlichkeit ein gehemmt aggressives Abwehrverhalten. Die Dauer dieser Läufigkeitsblutung ist mit durchschnittlich 9–12 Tagen anzugeben. Hieran schließt sich übergangslos die Brunst an, die medizinisch als *Östrus* bezeichnet wird. In dieser Phase besteht die eigentliche Duldungs- oder Deckbereitschaft. Sie dauert wiederum ungefähr 9 Tage, dann ist Vorsicht geboten. Verändert sich nun die Läufigkeitsblutung in ein fleischwasserfarbenes Sekret und ist die Hündin jetzt ebenfalls interessiert an ihren Artgenossen, ist sie deckbereit und befindet sich in der Standhitze. Die äußerlich sichtbare Läufigkeit dauert somit ungefähr 20 Tage.

Der Zyklus der Hündin zeigt jedoch eine interessante Besonderheit. Während bei fast allen anderen Haussäugetieren und auch bei der Frau das Gelbkörperhormon (*Progesteron*) erst nach dem Eisprung durch den Gelbkörper gebildet wird, beginnt dieser Vorgang beim Hund bereits vor dem Eisprung. Besonders ungewöhnlich ist, dass auch ohne eine Befruchtung die Gelbkörper bei der Hündin über eine Dauer von ungefähr 80 Tagen bestehen bleiben. In dieser Phase, dem sogenannten *Metöstrus* ist bei der nicht tragenden Hündin eine vergleichbare hormonelle Situation wie bei einer tragenden Hündin zu finden!

Diese Besonderheit begünstigt unter anderem die Entstehung einer Scheinträchtigkeit, die mit Symptomen wie einer Anbildung des Gesäuges und Verhaltensänderungen einhergehen kann. Dies bedeutet für die Hündin, dass sie regelmäßig „hormonell schwanger" ist, auch wenn sie nicht tragend ist. Erst hieran schließt sich eine Phase der tatsächlichen hormonellen Inaktivität an, in der die äußeren Geschlechtsmerkmale unauffällig sind und das Verhalten der

Hündin normalisiert sich. Die Dauer dieser Phase des Zyklus ist genetisch fixiert und variiert individuell sehr stark.
Dieses Wissen um den Zyklus der Hündin sollte man im Auge behalten, damit es nicht zu „ungewollten“ Überraschungen in Form von Nachwuchs kommt. Also wundern Sie sich nicht, wenn die Hündin „nach der Läufigkeitsblutung“ ein besonderes Interesse an ihren Artgenossen zeigt und verzeihen Sie ihr die „Stimmungsschwankungen“ danach – es sind die Hormone!
(Diesen Text über die Läufigkeit hat Dr. Katja Trasch, Klinik für Geburtshilfe, Gynäkologie und Andrologie der Groß- und Kleintiere der Justus-Liebig-Universität Gießen initiiert.)

Hunde schwitzen nicht

Wahrhaftig, unseren Hunden steht im Sommer nicht der Schweiß auf der Stirn. Umso dramatischer, da es für den Hund nicht viele Möglichkeiten gibt, seine Körpertemperatur zu regulieren. Hunde schwitzen nicht wie der Mensch, aber sie schwitzen anders.
Obwohl Hunde aktive Schweißdrüsen auf der Haut haben, funktioniert dennoch die Verdunstungskette über die Haut nicht, da das Fell eine isolierende Wirkung hat. Etliche Schweißdrüsen hat der Hund allerdings an den Sohlen der Pfoten. Das führt nicht nur zum Auftreten von „Schweißfüßen“, wie bei einigen Hundevertretern bekannt, sondern erhöht weiter die Griffigkeit auf unterschiedlichen Untergründen. Außerdem hinterlässt und verteilt jeder Pfotenabdruck bei einem Spaziergang den eigenen, individuellen Geruch für nachfolgende Kameraden. Aber als Wärmetauscher sind sie für Hunde nicht weiter von Bedeutung.
Die Regulation der Körpertemperatur des Hundes findet bei Hitze somit hauptsächlich über die Zunge statt. Beim Hecheln verdunstet die Wärme, und das ist das eigentliche „Schwitzen“ beim Hund. Bei einer Atemfrequenz von bis zu 400 Atemzügen pro Minute kostet

das den Hund viel Energie. Die Verdunstung von einem Liter Flüssigkeit entzieht dem Körper 2.430 kJ! (zu vergleichen mit einem Apfelstrudel mit Vanillesauce). Das heißt, der Hund hat in einer Zeit, in der er viel hechelt, sowohl einen erhöhten Futterbedarf als auch durch die vermehrte Bildung von Speichel einen erhöhten Wasserbedarf.

Wenn es dem Hund im Sommer dann besonders warm wird, steigt die Körpertemperatur an, Herz und Kreislauf arbeiten verstärkt. Der Hund versucht die Körpertemperatur über Hecheln, Liegen auf kühlem Boden oder ein erfrischendes Bad im Wasser zu senken.

Lebensbedrohlich kann im Sommer der Aufenthalt eines Hundes im Auto sein, denn es kann schnell passieren, dass Hunde einen Hitzschlag bekommen. In einem geschlossenen Auto kann die Temperatur bei direkter Sonneneinstrahlung in weniger als 20 Minuten auf 49 °C ansteigen, selbst wenn die Umgebungstemperatur nur 24 °C beträgt. Auch ein Fahrzeug, das im Schatten steht, mit ein wenig geöffneter Fensterscheibe, kann dabei schnell Innentemperaturen erreichen, die für den Hund gefährlich sind. Die Körpertemperatur steigt bei Überhitzung rasant an und bewirkt, dass lebenswichtige Organe nicht mehr richtig durchblutet werden. Die Folgen sind zuerst starkes Hecheln und Gleichgewichtsstörungen – dann erleidet der Hund Bewusstseinsstörungen, Erbrechen und Krämpfe. Steigt die Körpertemperatur dann auf eine kritische Temperatur von 43 °C an, führen die Hitzefolgen zur Bewusstlosigkeit, Atemnot bis hin zum Tod durch Herzstillstand. Es wird berichtet, dass Hunde, die im Auto an den Folgen eines Hitzschlages starben, vorher die gesamte Inneneinrichtung zerstört haben, die Qualen der Tiere sind kaum vorstellbar.

Für den Hund nur das Beste

Was der Mensch isst, tut auch dem Hund gut Viele Lebensmittel, die auf unserem täglichen Speiseplan stehen, landen oft im Napf und dem Menüplan unserer Hausgenossen. „Ist gut für das Fell und die Knochen" oder „Er frisst es doch so gerne". Was dem Menschen schmeckt, ist für den Hund aber nicht unbedingt gesund.

Manche Leckerei ist unseren Hunden gar nicht zu empfehlen. Hier der Anti-Menüplan für den Vierbeiner: Bei vielen Früchten sind vor allem die Kerne oder Steine problematisch, da sie in unterschiedlichen Mengen Blausäure enthalten, z. B. Weintrauben. Frisst der Hund diese Kerne, wird Blausäure im Körper des Hundes freigesetzt und blockiert die lebenswichtige Zellatmung. Typische Symptome einer Vergiftung sind Reizungen der Schleimhäute im Atem- und Verdauungstrakt sowie Atemnot.

Durch die Gabe von rohem Hühnerei wird das Fell nicht glänzend, wie man häufig annimmt. Auch wenn das Eiklar einen hohen Anteil an hochwertigem Eiweiß enthält, wird die Freude darüber schnell getrübt, da das rohe Eiklar den Stoff Avitin enthält, der die Verfügbarkeit des für Haut und Haar lebenswichtigen Biotins verhindert. So hat man genau den gegenteiligen Effekt. Durch das Abkochen der Eier können die schädigenden Stoffe unschädlich gemacht und gleichermaßen das Salmonellenrisiko vermindert werden.

Nicht erlaubt ist Butter, sie wirkt abführend und führt zu Erbrechen. Die gute Milch ist als Kalziumquelle so beliebt und wird immer gern empfohlen – nur nicht für unsere haarigen Kollegen. Wegen ihres hohen Anteils an Milchzucker ist die Milch für den Hundedarm nicht geeignet. Es kommt zu Fehlgärungen im Dickdarm, dies führt zu Durchfall und weichem Kot. Besser sind ab und zu gegorene Milchprodukte wie Quark, Joghurt und Käse. Sie sind eine willkommene Abwechslung im Speiseplan und enthalten viel wichtiges Eiweiß.

Sehr beliebt ist im Sommer der schleckende, leckende Verzehr eines Milchspeiseeises. Welch eine Erfrischung für den Menschen – beim Hund folgt Durchfall, der wie bei dem Genuss von Milch durch den Milchzucker und die Fehlgärungen ausgelöst wird. Alternativ bieten sich einfache Eiswürfel an, die man auch mal aus Tee ohne Zucker zubereiten kann.

Zwiebeln und Knoblauch sind für Hunde in größeren Mengen durch den schwefelhaltigen Inhaltsstoff Allylpropyldisulfid schädlich. Dieser greift die Hülle der roten Blutkörperchen an, über 5 g/kg Körpergewicht pro Tag verkostet, kann es zu einer Blutarmut führen. Das ist bei der Parasiten-Prophylaxe gegen Zecken oder Flöhe zu bedenken. Denn es wäre ein weiterer Irrtum, dass der Hund durch Knoblauchfressen Zecken oder Flöhe abschrecken kann – die hierzu benötigte Menge wäre für den Hund dann sowieso gesundheitsschädigend!
Salzgebäck und Salzstangen, eben mal so zwischendurch, können für Hunde mit Herzerkrankungen durch den enormen Salzgehalt zu schädlichen Flüssigkeitsansammlungen im Körper führen. Dann besser Hundekekse vorm Fernseher knabbern lassen.
Es ist kein Festmahl, wie oft angenommen wird, wenn Knochenreste vom gekochten oder gebratenen Hähnchen an den Hund weitergegeben werden. Es birgt die Gefahr, dass die Knochen unkontrolliert aufsplittern und in der Speiseröhre steckenbleiben. Schlimmstenfalls sind die Knochensplitter so spitz, dass sie die Speiseröhre verletzen oder durchstechen. Besser „Pfoten" davonlassen.
Rohes Schweinefleisch oder Geflügel sollte nicht auf der Speisekarte stehen. Denn rohes Geflügel kann mit Bakterien, z. B. Campylobacter oder Salmonellen, verunreinigt sein, und rohes Schweinefleisch kann einen Herpesvirus auf den Hund übertragen, der die tödliche Aujeszky-Krankheit auslöst. Beim Menschen bleibt diese Infektion ohne Folgen. Wenn also schon Schweinefleisch für den Hund, dann immer gut abgekocht in den Napf.

Hunde dürfen Schokolade naschen

Jeder weiß, dass Schokolade glücklich macht und bei Liebeskummer hilft. Schokolade ist wunderbar süß, schmilzt langsam auf der Zunge, und schon der Anblick hebt die Stimmung. Wieso sollte man eigentlich nicht auch unsere treuen Freunde mit dieser verführerischen Süßigkeit verwöhnen? „Ein Stückchen in Ehren kann niemand verwehren" – sagt sich so leicht, bis man den wahren Hintergrund kennt.

Schokolade ist zwar für den Menschen ein beliebtes Naschwerk, jeder Deutsche verspeist etwa acht Kilo pro Jahr, für den Hund aber ist sie unter Umständen sogar tödlich. Denn mal ganz davon abgesehen, dass Schokolade ungesund für die Zähne ist, geht es in erster Linie um den Wirkstoff Theobromin – ein koffeinähnlicher Wirkstoff der Kakaobohne, der in der Schokolade enthalten ist und den Kreislauf und das Nervensystem stimuliert. Das hört sich erst einmal nicht spektakulär an, weil es für den Menschen eigentlich ungefährlich ist.

Die Gefahr steckt in der großen Menge Theobromin, die vor allem in Zartbitter-, Bitter- sowie Kochschokolade reichlich vorhanden ist, da diese Schokoladensorten einen besonders hohen Kakaoanteil haben. Schon bei einer Gabe von 0,7 g Bitterschokolade pro Kilogramm Körpergewicht (das sind gerade mal 14 g bei einem 20 kg schweren Hund) sind bereits hohe Mengen von Theobromin im Blut nachzuweisen. Und die Einnahme von nur 20 g Kochschokolade pro Kilo kann tödlich enden. So kann bei einem fünf Kilo schweren Hund – nur zum Vergleich: Yorkshire Terrier und Chihuahua wiegen zwischen einem und drei Kilogramm – der Verzehr einer 100-g-Tafel giftig sein. Vergiftungserscheinungen bei größeren Mengen Schokolade zeigen sich etwa vier bis zwölf Stunden nach dem Verzehr. Die ersten Krankheitsanzeichen sind Erbrechen oder Durchfall. Später folgen Herzrasen, Zitteranfälle, Muskelkrämpfe, Lähmungen der Hinterhand, Koma – und im Extremfall stirbt der Hund an Herzversagen.

Aber auch kleinere Mengen werden vom Hund nicht vertragen. Dabei kommt es weniger auf die Menge als auf die Dauer der Süßigkeiten-Einnahme an, die dann eine langsame Vergiftung zur Folge hat. Ausschlaggebend ist dabei, dass Theobromin nur verzögert und langsam vom Körper abgebaut und ausgeschieden wird. Gibt man dann jeden Tag nur ein kleines Häppchen der Süßigkeit, hat das ebenfalls Vergiftungserscheinungen zur Folge, die sich aber erst nach und nach zeigen.

Käse verdirbt den Geruchssinn

Wenn es ein Reich der Märchen gäbe, dann würde die Käsegeschichte dort hingehören. Woher dieses Gerücht allerdings stammt, dass Käse dem Geruchssinn des Hundes Schaden zufügt, ist nicht mehr nachzuvollziehen.

Käse ist sicher als Hauptnahrung für Hunde nicht das Richtige, aber für zwischendurch ist es eine willkommene Belohnung und ein echter Leckerbissen. Käse ist ein wertvoller Eiweißlieferant und enthält reichlich Kalzium sowie die Vitamine A, B, E und Niacin, außerdem wichtige Mineralstoffe. Dem Geruchssinn der Hunde schadet dieser Verzehr nicht, jedenfalls sind keine Beweise bekannt.

Nicht abzustreiten ist allerdings die starke Geruchsbelästigung eines echten vollreifen Weichkäses. Der Geruch kann selbst einem Käseliebhaber, egal ob Mensch oder Hund, kurzfristig regelrecht den „Atem verschlagen", da könnte auch der Geruchssinn der Supernase Hund kurzfristig überbeansprucht werden! Geschadet hat aber auch das noch keinem der vierbeinigen Raubtiere, die davon abgesehen alles mit Heißhunger fressen, was besonders schön „stinkig" ist.

Rohes Fleisch macht scharf

Dass ein Hund nach dem Verzehr von rohem Fleisch aggressiv wird, ist ein Gerüchteklassiker. Weiter köcheln in der Märchenküche Behauptungen wie „Rindfleisch macht Hunde böse". Die Hintergründe die-

ser Gerüchteküche sind nicht zu klären, eines steht jedenfalls fest: Der Hund als Verwandter des Wolfes, ein Rohfleisch konsumierendes Raubtier, zeigt keine Verhaltensänderung aufgrund des Verzehrs von rohem Fleisch bzw. Rindfleisch.
Vermutlich spielen zwei Varianten bei diesem Irrtum eine Rolle. Zum einen kann eine mögliche Futterrangelei zweier Hunde an einem begehrten Stück Fleisch dafür gesorgt haben, dass es zu einer handfesten Auseinandersetzung kam, oder aber der energiereiche Nährstoffgehalt des Fleisches hat bei dem einen oder anderen Vierbeiner ungeahnte Kräfte freigesetzt, die falsch interpretiert wurden.

Am liebsten haben sie Pansen Es ist ja bekannt, dass Hunde Allesfresser sind. Mancher Canide schreckt bei der Nahrungsauswahl vor nichts zurück und frisst wahllos alles in sich hinein. Andere Vertreter essen mit Messer und Gabel und wollen nur ausgewählte Speisen. Jeder Hundebesitzer hat seine ganz eigene Philosophie zum Thema „Ernährung meines Vierbeiners“. Ein immer wieder beliebter Diskussionsgegenstand unter Hundebesitzern ist der Vergleich der bevorzugten Nahrung der Vorfahren unserer Hunde. Es besteht allgemein die Annahme, Wölfe fressen von der erlegten Beute am liebsten den Mageninhalt, dann den Pansen wegen der pflanzlichen Stoffe, dann vertilgen sie noch fleißig Knochen und etwas Fell zur Verdauung. Die Beobachtungen des Wolfsforschers Günther Bloch an frei lebenden Wölfen legt einen anderen Schluss nahe: „Sie fressen zwar mit Vorliebe Darm (nebst pflanzlichem Inhalt), am liebsten aber alle Innereien wie Herz, Leber oder Niere. Danach geht es ans Muskelfleisch. Auf den Mageninhalt stürzen sich dann Raben, Krähen, Elstern und andere Abstauber. Wölfe lassen den Pansen in der Regel unbehelligt liegen.“ Von Knochen und Fell ist erst einmal keine Rede, nun gut ,vielleicht beim nächsten Festmahl.

Hunde brauchen Vitamin C Erkältung im Anmarsch? Grundversorgung mit dem wichtigen Vitamin C? Für Menschen ein Anlass, tatkräftig zu Nahrungsergänzungsmitteln zu greifen. Einer der Irrtümer bei der Hundeernährung. „Die Ascorbinsäure, wie das Vitamin C auch genannt wird, ist für den Hund (im Gegensatz zum Menschen) kein notwendiges Vitamin." (Dr. med. vet. Liesegang) Bei gesunden Hunden kann das Vitamin in ausreichendem Maß in Niere und Leber gebildet werden. Normalerweise besteht dann kein Bedarf, über das Futter weiteres Vitamin C zuzuführen. Ausnahmen sind nur nach Abstimmung mit dem Tierarzt unter bestimmten Voraussetzungen gegeben, wie beispielsweise bei dauerhaft erhöhtem Bedarf bei Lebererkrankungen, während des Wachstums, für den Knochenaufbau, die Wundheilung oder bei Infektionen.

Extraportion Kalzium für Welpen großer Rassen! Täglich „ein Glas Milch, um groß und stark zu werden" oder eine kleine Tablette mit ein wenig Kalzium! Dies ist die Empfehlung für heranwachsende Menschenkinder zur gesunden Kalziumversorgung. Was für die menschliche Ernährung geeignet ist, kann gerade für Hundewelpen großer oder sehr großer Rassen zu unkontrollierten Spätfolgen führen.

Wissenschaftliche Studien und Forschungen belegen, dass gerade großwüchsige Hunderassen sehr empfindlich auf Fehler bei der Kalziumversorgung reagieren, im Gegensatz zu kleinen Rassen, die so etwas leichter verzeihen. Sowohl Kalziummangel als auch eine ständige Überversorgung mit Kalzium führt bei heranwachsenden Hunden zu Skeletterkrankungen und verschlechtert auf Dauer bestehende Krankheitsdispositionen.

Häufig kann eine Kalziumüberversorgung entstehen, wenn einem Allein- oder Fertigfutter über einen längeren Zeitraum kalziumreiches Mineralfutter zugegeben wird. Alleinfutter oder Welpenfutter enthält ausreichend Kalzium und benötigt daher keine Zufütterung. Es ist nachgewiesen, dass Kalziumüberschuss zu Regulationsstörungen beim Welpen oder Junghund führt, da die Überschüsse nicht wie bei einem erwachsenen Hund ausgeschieden werden können. Es entsteht ein Ungleichgewicht zwischen dem ständigen Auf- und Abbau des wachsenden Knochens. Die Folge sind vermehrte Probleme mit Knochen und Gelenken. Ein Kalziummangel ist hingegen nicht selten bei hausgemachten Fütterungen zu finden, auch wenn entsprechende Produkte zugesetzt werden.

Ein bisschen rund, na und ...

Ein Leckerli hier, ein Leckerchen da, und ups, nun ist noch was vom Tisch heruntergefallen. „Echte Liebe geht durch den Magen" – schadet ja nix, das bisschen mehr. Runde Hunde sind ein Zeichen „großer Liebe" seitens der Besitzer. Ebenso Folge von Kastration, Alter,

hormonellen und genetischen Störungen, Futterzusammensetzung oder Menge, aber auch von Bewegungsmangel. Es gibt viele Faktoren, die Übergewicht begünstigen, nur der große Irrtum bleibt. „Das bisschen rund, na und!“ hat weitreichende Folgen für die Gesundheit unserer treuen Freunde.

Beim Menschen zählt „Übergewicht“ zu den Zivilisationskrankheiten und die Auswirkungen sind hinlänglich bekannt. Nach erfolgten Langzeitstudien an Hunden ist jetzt sicher, dass die Dauer der Fettleibigkeit Einfluss auf die Entwicklung und das Ausmaß bestimmter Krankheiten hat. Und das steht wiederum in direktem Zusammenhang mit der Lebenserwartung der Hunde. Ausschlaggebend für die Problematik ist die Reduzierung der Insulinempfindlichkeit bei erhöhtem Körperfett. So wird eine gezielte Aufnahme von Glucose (Zucker) durch die Zellen verhindert, und Glucose landet gemeinsam mit dem verbleibenden Insulin im Blut. Dies führt zu Funktionsstörungen von Organen, Organsystemen und Geweben. Was beim Menschen die Gefahr eines Diabetes Typ II zur Folge haben kann, ist beim Hund zwar ähnlich zu finden, aber weniger häufig als beim Menschen (Brian T. Larson). Beim Vierbeiner findet man dafür vermehrt die Entwicklung von Osteoarthritis und mit zunehmendem Körpergewicht Kreislaufstörungen, Hauterkrankungen, Verdauungs- und Fruchtbarkeitsstörungen sowie weitere Funktionsstörungen innerer Organe. Ab einer Zunahme des Gewichts von mehr als 20 % des Normalgewichts, je nach Rassestandard, wird es immer schwieriger, das Gewicht zu reduzieren und auf Dauer die überfütterten Hunde wieder zu einem normalen Glucose-Stoffwechsel zurückzuführen. Echte Liebe kann demnach nur bedeuten: „Ist der Hund schön schlank und rank, wird nur sein Besitzer krank.“

Ob blond, ob braun ...

Hunde einer Rasse sind einheitlich Eine Rasse und doch zwei Typen! Haben Sie sich nicht schon einmal gefragt, wieso ein Hund der gleichen Rasse im Aussehen völlig unterschiedlich daherkommt? Einmal mit kleinem, kräftigem Körperbau und dann wiederum in hochbeiniger, schlankerer Form? Nun, Rasse ist nicht gleich Rasse, es besteht die Möglichkeit, innerhalb der gleichen Rasse zwei Typen zu züchten. Eine Zuchtlinie setzt verstärkt auf eine jagdtaugliche Arbeitslinie, die andere widmet sich mehr der Schönheit, als Familien- und Ausstellungshund mit den sogenannten „Show-Dogs“.

Die Hunde unterscheiden sich nicht nur im Aussehen, sondern auch im Verhalten deutlich voneinander. So werden meist sehr aktive und arbeitsfreudige Hunde, wie beispielsweise der Labrador Retriever, Border Collie oder der Whippet, der als aktiver Renn- und Jagdhund ein absoluter Ausdauersportler ist, in zwei Linien eingeteilt.

Züchtungen der Showlinien orientierten sich bei ihrer Auswahl am Idealbild des auf Ausstellungen verlangten Standards, das sind im wesentlichen Merkmale des äußeren Erscheinungsbildes. Dagegen ist das Hauptaugenmerk der „Working dogs“, der Arbeitshunde, auf ein ausgeglichenes Wesen, Belastbarkeit, Gesundheit und vor allem Arbeitswillen gerichtet. Beim Labrador Retriever entstand durch die selektive Zuchtauswahl der große „Show-Dog“ und der kleinere Typus aus der Arbeitslinie.

Diese Vorgehensweise hat den Vorteil, dass einerseits Hunde gezüchtet werden, die an die Ansprüche ihrer Umgebung angepasst sind, z. B. als Familienhund, und anderseits die ursprünglichen Fähigkeiten einer Rasse auf Dauer erhalten bleiben können, wie z. B. die ausgeprägten Fähigkeiten zur Jagd, die ja im normalen Familienalltag eher unerwünscht sind.

Doggen sind die Allergrößten

Eine wirklich eindrucksvolle Erscheinung ist eine Deutsche Dogge. Mit 72 bis 80 cm Schulterhöhe und einem Gewicht von 50 bis 80 kg gehört sie zu einer der größten Rassen der Welt. Sie wird aber überragt von einer noch größeren Rasse, dem Irischen Wolfshund oder Irish Wolfhound. Dieser vereint als Windhund, mit einer imposanten Größe von 81 bis 86 cm sowie einem Gewicht von 50 bis 70 kg, Schnelligkeit und Kraft gleichermaßen. Damit kommt der Irische

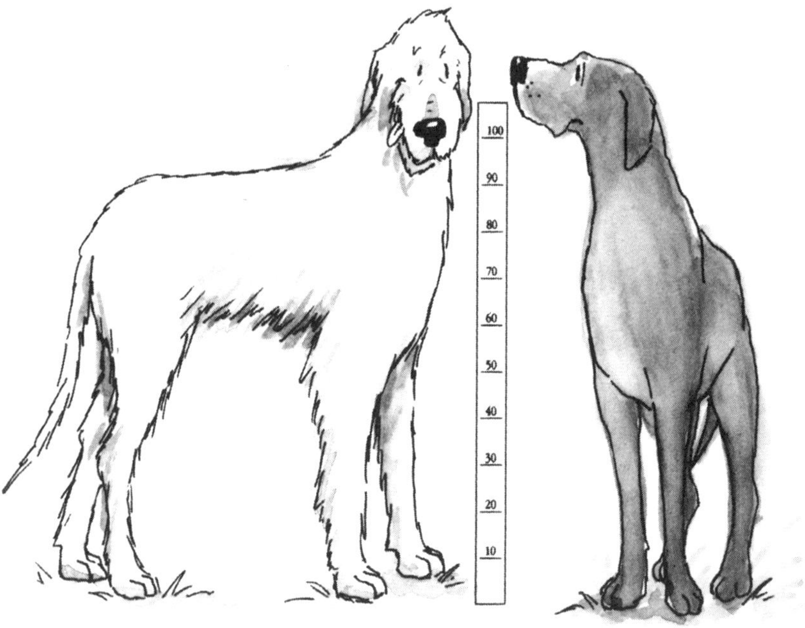

Wolfshund fast an das Stockmaß eines Shetlandponys heran, und die Größe und Souveränität dieser imponierenden Rasse machen ihn zu einem „König der Hunde".

Dies wusste man schon im alten Rom. Das geht aus einem Brief hervor, den der römische Konsul Symmachus im Jahre 393 n. Chr. an seinen in England stationierten Bruder Flavius schrieb. In diesem bedankte er sich für sieben ihm zugesandte Irish Wolfhound mit den Worten: „Ganz Rom betrachtet diese Hunde mit Staunen!" Und die Stadtbevölkerung von Rom war durch Gladiatorenkämpfe gegen Bären und Löwen in der Arena an den Anblick großer Tiere gewöhnt. Um 1100, so wird berichtet, bot der King of Ulster 4.000 Kühe im Tausch gegen einen einzigen wertvollen Wolfshund an. Als das Angebot abgelehnt wurde, kam es zum Krieg.

Die berühmteste Geschichte mit wahrem Hintergrund geschah allerdings im 13. Jahrhundert: Der Prinz von North Wales, Llewelyn, wurde in seinem Jagdgebiet mit Namen „Beddgelert" immer von seinem treuen Irish Wolfhound Gelert begleitet. Eines Tages als der Prinz zur Jagd wollte, war Gelert nicht aufzufinden. Der Prinz zog ohne seinen Jagdhund los – als der Prinz zurückkehrte, fand er Gelert, der ihn fröhlich ansprang und begrüßte, blutüberströmt und beschmiert vor. Durch das Blut beunruhigt suchte Llewelyn nach seinem Sohn, dessen Bett er mit blutbedecktem Bettzeug aber leer vorfand. Der völlig entsetzte Vater zog daraufhin sein Schwert und stieß es in den blutigen Hund. Der Todesschrei des Hundes durchdrang die Luft – und wurde von dem Ruf des vermissten Kindes beantwortet. Llewelyn fand seinen Sohn später unverletzt neben dem Körper eines großen Wolfes liegen, den Gelert getötet hatte, um das Kind zu retten. Der von Selbstvorwürfen gepeinigte Prinz soll nie mehr gelächelt haben. Und auf Gelerts Grabstein steht geschrieben: „Er hat Gelert hier begraben. Dieser Ort wird für immer Beddgelert genannt."

Viele Geschichten und Legenden ranken sich um diese im antiken und mittelalterlichen Irland dem Adel vorbehaltenen Hunde. Und das, obwohl die Rasse im 17. und 18. Jahrhundert fast völlig ausgestorben war. Aber dank eines eifrigen Captain G.A. Graham konnte die Rasse mit erheblichem Aufwand an sorgfältiger Auswahl und gelegentlichen Einkreuzungen zurückgewonnen werden. So wurde 1885 der erste Zuchtclub gegründet, und es gibt bis heute eine große Anhängerschaft dieser „sanften Riesen".

Bloodhounds sind blutrünstig

Der Bloodhound, zu deutsch Bluthund, mit Namen „Nick Carter" hat 600 Verbrecher gefasst! Ein weiterer Vertreter dieser Rasse erspürte in nur eineinhalb Tagen 23 entflohene Sträflinge. In welchem Blutrausch das geschah? Der größte Spürhund der Welt hat den Gesetzesuntreuen bei der Festnahme sicher das Gesicht abgeschleckt, denn eins ist dieser menschenfreundliche Fährtenhund mit Sicherheit nicht – blutrünstig.

Die weltbeste Hundenase ist ein stiller Arbeiter an der Seite des Jägers oder im öffentlichen Dienst. Seine feine Nase verfügt über etwa 300 Millionen Riechzellen, mehr als jede andere Hunderasse, Menschen haben im Vergleich gerade einmal 5 Millionen Riechzellen. Auch bei ungünstigen Wetterbedingungen kann er eine mehrere Tage alte Spur aufnehmen und verfolgen. Als Personenspürhund ist er in der Lage, mithilfe eines Geruchsträgers, wie eines Kleidungsstücks oder eines Schlüsselbundes, die Spur eines Menschen aufzunehmen und ihr über verschiedene Bodenbeschaffenheiten hinweg durch Dörfer und Städte zu folgen. Dabei ist der Bluthund ein selbständiger, intelligenter und anhänglicher Partner des Menschen. Seine Arbeit erledigt er langsam, ausdauernd und sehr genau. Wieso dieser Hund, dessen Vorfahren direkt bis auf das Kloster St. Hubertus zurückverfolgt werden können, diesen blutigen Namen

hat, ist nicht eindeutig geklärt. Der Legende von François Hubert nach jagten die Vorfahren des Bluthundes, die St. Hubertus Hunde, im 8. Jahrhundert in den belgischen Ardennen. Als sich François Hubert entschloss, Mönch zu werden, wurden die edlen Hunde in dem von ihm gegründeten Kloster St. Hubert über Jahrhunderte weitergezüchtet. Damals waren die Hunde meist schwarz mit lohfarbenen Abzeichen, ihr Fell war schwer und faltenreich. Sie verfolgten auf kalter Fährte Großwild und Wildkatzen.

Alle Bobtails haben Stummelschwänze

Trotz des schönen Namens Bobtail, der übersetzt wird mit „Stummelschwanz", ist dieser Spitzname für den wuseligen Hund mit üppigem Fell ebenso wenig zutreffend wie die Originalbezeichnung „Old english sheepdog", was übersetzt wird mit Altenglischer Schäferhund. Es gibt Hinweise, wie die amerikanische Hundeexpertin Chris Walkowicz schreibt, dass die Rasse „weder alt noch englisch ist". Seine Ahnen gehören den Hütehunden an, wie dem Bergamasker Hirtenhund oder dem Russian Owtschaka, später wurden Schäferhunde der britischen Inseln eingekreuzt. Woraufhin die Rasse in England anerkannt wurde. Die Stummelrute, die man beim Bobtail kennt, ist nicht angeboren, wie oft behauptet wird, sondern sie wurde kupiert. In Deutschland ist dies mittlerweile verboten. Der Überlieferung nach musste man im 18. Jahrhundert in England für Treiberhunde keine Steuern bezahlen. Um die Arbeitshunde zu kennzeichnen, wurden die Ruten kupiert und der Stummelschwanz so künstlich geschaffen.

Dalmatiner werden mit Punkten geboren

Der FCI-Standard Nr. 153 umschreibt den typvollen Dalmatiner wie folgt: „Ein auffällig getupfter, starker, muskulöser und lebhafter Hund. Er ist symmetrisch in seinen Umrissen, frei von Grobheit und Schwerfälligkeit und fähig, mit großer Ausdauer schnell zu laufen." Die außergewöhnliche Fellzeichnung ist bei jedem Dalmatiner ein Unikat.

Die Farbvarianten dieser fröhlichen und aktiven Hunde können schwarz-weiß, weiß-braun, lemon oder orange sein. Aber am Anfang sind sie dennoch gleich, denn alle Dalmatiner werden weiß geboren. Nur sehr erfahrene Züchter können an den Ohren oder um die Augen Pigmentansammlungen, sogenannte „Platten" oder „Monokel", erkennen. Ab einem Alter von zweieinhalb bis drei Wochen haben sich bei den Dalmatinerwelpen schwarze oder braune Tupfen entwickelt, und dann ist jeder ganz individuell gezeichnet.

Rhodesian Ridgebacks kämpften mit Löwen

Der Rhodesian Ridgeback mit seinem Rückenkamm, bei dem das Fell in die entgegengesetzte Richtung wächst, ist im früheren südlichen Afrika für seinen Mut geschätzt worden, aber mit Löwen hat er beileibe nicht gekämpft.

Auf den Farmen der Kolonialherren übernahm der Ridgeback mit seiner hervorragenden Nase, seiner Schnelligkeit, Kraft und Treue verschiedene Aufgaben, die neben der Bewachung der Farmen ebenso die Begleitung zur Jagd auf Großkatzen beinhaltete. Dabei galt es, die Löwen über eine sichere Fährtenarbeit aufzuspüren und so lange mutig vor Ort zu halten, bis die Jäger eintrafen. Es verlangte nicht nur gute Nasenarbeit, Kraft und Ausdauer, sondern auch Schnelligkeit. Denn wenn die Situation „Auge um Auge" mit dem Löwen zu heikel wurde, hieß die Devise für die Jagdgruppe der Rhodesian Ridgebacks „Lauf oder stirb". Das selbständige Entscheiden und die hohe Sensibilität für seine Umwelt ist bis heute ein typischer Charakterzug dieses wunderschönen Hundes, nur fragt er auch heute noch immer nach dem „Warum", wenn er etwas tun soll ...

Herdenschutzhunde gehen auf ganze Wolfsrudel los

Zugegeben, Herdenschutzhunde sind groß gewachsen, ziemlich kräftig, selbstbewusst und äußerst wachsam. Kein Wunder also, dass über herausragende Leistungen im Kampf gegen Wölfe wahre Heldengeschichten berichtet werden. Die Zahlen und Größenordnungen an getöteten Wölfen durch Herdenschutzhunde sind „sagenhaft". Diese Geschichten gehören aber auch ins Reich der Sagen und Legenden.

Herdenschutzhunde sind dafür gezüchtet worden, eine anvertraute Herde, meist Ziegen und Schafe, vor Gefahr zu schützen. Im Gegensatz zu den wendigen Hütehunden, die eine Herde zusammenhalten und treiben sowie gemeinsame Arbeit mit den Schäfern leisten, arbeitet der Herdenschutzhund unabhängig und eigenständig. Er ist für die Abschreckung und Verteidigung gegen Beutegreifer wie Wölfe, Bären und Raubkatzen zuständig, aber ebenso werden streunende Hunde oder menschliche Diebe von der Herde ferngehalten. Das Besondere der Herdenschutzhunde ist dabei nicht nur ihr

Schutztrieb, sondern auch ihre Wachsamkeit und Zuverlässigkeit. Dabei sind sie nicht nur Bewacher, sondern Bestandteil der Herde! Anders als Hütehunde betrachten Herdenschutzhunde, nach einer langen Sozialisierungsphase vom Welpenalter an, z. B. Schafe oder Ziegen als Sozialpartner. Das macht auch die ungewöhnliche Bereitschaft aus, die Herdengemeinschaft zu schützen.

Ihre Arbeitszeit ist die Dämmerung und die Nacht. Instinktiv prüft der Herdenschutzhund alles, was sich nähert, und wehrt mit massivem Bellen, außerordentlichem Imponierverhalten und Scheinangriffen ab, was nicht zur Herde gehört. Nur bei absoluter Gefahr ist die Reaktion aggressiv.

Wie häufig nun nicht nur das Aufeinandertreffen von Herdenschutzhunden mit Wölfen stattfindet, sondern auch wie oft diese Zusammentreffen für Wölfe oder auch Herdenschutzhunde tödlich enden, konnte die Gesellschaft zum Schutz der Wölfe e.V. durch eine Untersuchung in der Slowakei feststellen.

Dabei wurden Herdenschutzhunde und Wölfe mit Telemetriehalsbändern ausgerüstet, um die nächtlichen Treffen der beiden verfol-

gen zu können. Das Ergebnis: Es fand kein einziger Kampf zwischen den Hunden und Wölfen statt, obwohl die Wölfe sich beinahe täglich der Herde und den Hunden näherten. Der Herdenschutzhund demonstrierte seine Stärke durch Kontrollgänge, intensives Markieren und lautes Bellen. Und das reichte den Wölfen wohl schon.

Jack Russell Terrier sind eine uralte Rasse

Vorneweg, dieser quirlige Hund wurde am 22. Januar 1990 vom englischen „Kennel Club“ als „Jack Russell Terrier“ anerkannt, und erst im Jahr 2000 kam die Anerkennung durch den FCI (Fédération Cynologique Internationale), dem größten internationalen Dachverband der Hundezüchter. Dies zum Thema alte Rasse, um den Irrtum aufzuklären.

Natürlich ist dieser wuselige kleine, weißgefleckte Hund jedem schon über hunderte Jahre hinweg ein Begriff. Seit dem letzten Weltkrieg ist der bei Reitern und Jägern so beliebte Hund auf dem europäischen Kontinent ein „Blickfang“, und dort, wo man ihn antrifft, gibt es ihn meist in rauen Mengen. Wie verträgt sich das jetzt wieder mit der neuen Rasse?

Der Jack Russell entwickelte sich aus einem ursprünglich für die Fuchsjagd gezüchteten Terrier. Namensgeber ist der englische Pfarrer (englisch *parson*) John Russell, auch mit Spitznamen Jake genannt (1795–1883). Als leidenschaftlicher Liebhaber der Fuchs- und Otterjagd benötigte er einen mutigen Hund, der gut unter der Erde arbeiten konnte. 1819 kaufte Russell die erste weiße drahthaarige Hündin „Trump“, sie wurde von Russell für die Zucht verwendet und gilt als die Mutter dieser Rasse. Angeblich hängt ein Bild von ihr in der Sattelkammer des Schlosses Sandringham und ist Eigentum der Queen.

Zu diesem Zeitpunkt entwickelte sich bei den Terriern eine Aufspaltung der Rassen, das Ziel war ein einheitlicher Terrier mit hoher

Arbeitsleistung und schönem Äußeren. Der „Fox Terrier“ war als Standard geboren. Alle anderen Terrierschläge wurden weiter in Richtung Leistung, aber nicht in Richtung Schönheit gezüchtet.
Es entstand im Laufe der Jahre der Jack Russell Terrier, wie wir ihn kennen: mutig, intelligent, temperamentvoll, ausdauernd, mit enormen Spring- und Stöberleistungen, erd- und wasserliebend. Ein echter Clown, der nicht fürs Sofaleben geschaffen ist. Diese kleinen bunten Arbeitstiere wollte man nicht in eine Einheitlichkeit züchten, sondern legte weiter das Ziel auf die Arbeitstauglichkeit. Daher entstand im Grunde keine Rasse nach Rassestandard, sondern ein Typ Hund, der ausschließlich nach Leistungsselektion in variabler Färbung, Haarart und Größe gezogen wurde.

Aus diesem Jack Russell wurden dann im Zuge des Wunsches nach Vereinheitlichung zwei standardisierte Rassen abgeleitet: Der *„Parson Russell Terrier“*, vormals *„Parson Jack Russell Terrier“*, und der *„Jack Russell Terrier“*.
Die Unterscheidung der beiden „Jackys“ ist nun nach einem einheitlichem Standard festgelegt: Danach wird der „Parson Russell Terrier“ als der langbeinigere (Rüden 36 cm, Hündinnen 33 cm) und der „Jack Russell Terrier“ als der kurzbeinigere (25 cm bis 30 cm) beschrieben.
Aber am Ende sind wir wieder am Anfang. Der Jack Russell Terrier ist ein alter Hundetyp in einer jungen Rasse. Und eigentlich war es klar, dass man den Jack Russell Terrier nicht so einfach „in eine Form pressen“ kann.

„Kampfhunde“ sind eine eigene Rasse

Hätten Sie gewusst, dass der Yorkshire Terrier, dieser kleine niedliche Winzling, mal eine Vergangenheit als Kampfhund hatte? Nicht zu glauben? Als „Kampfhunde“ wurden in früheren Zeiten Hunde bezeichnet, die zu Tierkämpfen, egal ob gegen Hunde, Ratten oder andere Tiere, vom Menschen gezüchtet, ausgebildet und eingesetzt wurden. Dabei haben Yorkshire Terrier – sie waren da allerdings noch etwas größer – gegen Ratten gekämpft, so wie andere große und mittelgroße Hunde ebenfalls immer wieder Gegner in ihrer Größe vom Menschen ausgesucht und vorgesetzt bekamen.
Im antiken Rom wurden in der Arena Hundekämpfe gegen Löwen, Bären oder Gladiatoren geführt. Alle Formen dieser Hundekämpfe sind seit Ende des 19., Anfang des 20. Jahrhunderts weltweit verboten, und die damaligen Gegebenheiten und Rassen können mit heutigen Rassen nicht mehr verglichen werden. Diese Hunde werden seitdem nicht mehr für derartige Einsätze gezüchtet. Sieht man

heutzutage von wenigen „schwarzen Schafen“ ab, die ausgewählte Rassen für ihre Zwecke missbrauchen, illegal züchten, selektieren und ausbilden. Dabei werden schon die Welpen gezielt, u.a. durch fehlende Sozialisation, auf später gezeigte und gewünschte Verhaltensmerkmale hin erzogen.

„Kampfhund“ ist also kein Sammelbegriff für bestimmte Hunderassen. Es ist auch keine Bezeichnung für eine einzelne Rasse, sondern für einen bestimmten vom Menschen miss- oder gebrauchten Zweck und Einsatz.

Hunde, die ein hohes Maß an Unverträglichkeit oder Aggression gegenüber Artgenossen und Menschen zeigen, egal zu welcher Rasse sie gehören, fallen durch fehlendes Sozialverhalten gegenüber ihrer Umwelt auf und leiden unter einer so bezeichneten Verhaltensstörung. Diese ist nicht angeboren, sondern zum größten Teil durch Umweltbedingungen und Erziehung erworben. Denn der Hund ist leider oft das, was der Mensch daraus macht.

Labradoodle, Cockerpoos und Sprocker sind keine Hunde

Auch wenn es sich so anhört als wären es Märchenfiguren, es sind leibhaftige Mitglieder der Hundewelt, die Labradoodles, Goldendoodles, Schabradors, Cockerpoos, Sprocker oder Schnoodels. Es sind die Trendsetter der Hunde-Szene aus England, Australien und den USA. Designerstücke der Hundezucht könnte man sie nennen, die als „Designer-Kreuzungen“ bezeichneten Kreationen verschiedener Rassen, wie beispielsweise die begehrte Mischung aus Labrador und Pudel (engl. poodle) zum „Labradoodle“. Oder der Pudel verpaart mit dem Golden Retriever zu „Goldendoodle“ sowie der „Schnoodle“, was die Verbindung eines Schnauzers mit einem Pudel betitelt. Alleine in den USA haben sich schätzungsweise mehr als 1.000 Züchter der neumodischen Hundevermischung gewidmet und beliefern Zoohandlungen damit. Die Züchter haben besonders für „Labradoodle" und „Goldendoodle" lange Wartlisten, auch wenn die energiegeladenen Hunde bis zu 1.000 Dollar kosten. Die in den USA eingeführte Neuheit des Labradoodles hat sich in Australien schon länger durchgesetzt. Dort werden sie als Führhunde für Blinde mit einer Hundehaar-Allergie gezüchtet. Und in England ist ein Großteil der 4.300 registrierten Blindenführhunde eine Golden Retriever-Labrador-Verpaarung. Andere Länder, andere Sitten, andere Kreuzungen, so findet sich in Schweden der „Schabrador", ein Labrador-Schäferhund-Mix, und in England steht der „Sprocker", eine Cocker-Springer-Spaniel-Mischung, hoch im Kurs. Und nicht zu vergessen der amerikanische „Cockerpoo", mit Cocker Spaniel- und Zwergpudel-Eltern.

Hundeexperten betrachten die ganze Entwicklung eher skeptisch, und bei allem züchterischen Engagement sind bisher alle Bestrebungen, eine offiziell eingetragene „Rasse" aus ihnen zu machen, gescheitert.

Rassehunde sind gesünder als Mischlinge

Der arme Mischling, jetzt wird ihm auch noch die Gesundheit madig gemacht. Nicht nur, dass er sich von uns mit Spitznamen anreden lassen muss wie Bastard, Promenadenmischung, Hybrid oder Senfhund, jetzt sind ihm noch die Rassehunde auf den Fersen. Zu Recht sollte er sich schleunigst aus dem Staub machen!

Trotz anhaltender Diskussionen und vielschichtiger Betrachtungen ist es aber wissenschaftlich belegt, was auch der Wiener Tierzuchtexperte Dr. Hellmuth Wachtel sagt: „Grundsätzlich sind Mischlinge von Natur aus gesünder, was ja nach den Erkenntnissen der Populationsgenetik auch gar nicht anders sein kann, wenn es auch große Unterschiede gibt."

Mischlinge haben laut einer Studie auffallend weniger Probleme mit Zähnen, Ohren, Mandeln und Augen, dafür leidet der Mischling vermehrt an Infektionen, Hautparasiten, Vergiftungen und Verletzungen, außergewöhnlich häufig nach Verkehrsunfällen. Rassehunde hingegen zeigen vermehrt Erbkrankheiten, die in der Behandlung meist langfristig sind.

Nun, den Statistiken zufolge ist nicht nur der Gesundheitszustand des Mischlings besser als der von Rassehunden, seine Lebenserwartung ist ebenfalls höher. Er wird im Durchschnitt um ein bis zwei Jahre älter als ein Rassehund. Und es kommt noch dicker für den Rassehund. Konrad Lorenz zu Mischlingen als Zirkushunde: „Neben der höheren Intelligenz und Lernfähigkeit ermöglicht vor allem die geringere Nervosität und die bessere Belastbarkeit des rasselosen Hundes höhere Dressurleistungen.“ Ebenso dürfte die Expertenmeinung von Dr. Wachtel, „Mischlinge sind also durchschnittlich klüger, leistungsfähiger, gesünder, widerstands- und anpassungsfähiger als Rassehunde, darüber kann kein Zweifel mehr bestehen", für Rassehunde-Fans wohl niederschmetternd sein. Dennoch haben beide Versionen ihre Vor- und Nachteile, und Rassehunde können auf anderen Gebieten punkten! Der Mischling beispielsweise, der in der Biologie ganz wertfrei als ein Lebewesen bezeichnet wird, das aus zwei verschiedenen Zuchtlinien, Rassen oder Arten hervorgegangen ist, bleibt von Anfang an eine Wundertüte mit immer neuen Überraschungen. Man weiß vorher nie, was drinsteckt. Ein Mischling ist keine Garantie für einen gesunden Hund, auch wenn er im Durchschnitt gesünder ist als seine reinrassigen Kollegen. Diese haben wiederum gegenüber einem Mischling gewisse Vorteile. Beispielsweise entspricht seine Körpergröße einem Standard, seine Eltern, Großeltern und Urgroßeltern sind bei den meisten Rassen bekannt. Je nach Rassezugehörigkeit sind Gesundheitschecks der Vorfahren Pflicht – somit stehen Rassehunde unter ständiger Kontrolle. Damit sind gewisse Krankheiten, die gehäufter auftreten, vorher bekannt. Ebenfalls ist das Verhalten, trotz natürlicher individueller Unterschiede, durch typische Rassemerkmale einzuschätzen. Das ist für die Auswahl eines Hundes, der in das persönliche Umfeld passen soll, nicht unerheblich, man kann sich vor der Anschaffung genau informieren und erlebt weniger Überraschungen.

Es gibt den perfekten Familienhund

Der verbreitete Glaube, dass es bestimmte Rassen gibt, die besonders kinderfreundlich sind, hält sich wacker. Eine pauschale Aussage über den „kinderfreundlichen Hund" kann man allerdings nicht treffen. Derartige Aussagen sind immer mit Vorsicht zu genießen. Wird ein Hund für die Familie gerade mit kleinen Kindern gesucht, sollte dieser mit besonderer Achtsamkeit ausgewählt wer-

den. Auch wenn es Hunde gibt, die für Kinder besser oder schlechter geeignet sind und entsprechend den manchmal raueren Umgang mehr oder weniger gut vertragen, ist dem Hund die „Kinderliebe“, egal welcher Rasse er angehört, nicht in die Wiege gelegt.
Das Welpenalter ist die entscheidende Lernphase zur eigentlichen Kinderfreundlichkeit, denn jeder Hund macht als Welpe seine ganz eigenen Erfahrungen, jeder lernt eine andere Umgebung mit und ohne Kinder kennen. Diese Lernphase zur guten Sozialisation mit Kindern ist besonders sensibel bis ungefähr zur 16. Lebenswoche. Entscheidend sind in dieser Phase die besonders guten Erfahrungen des kleinen Welpen mit Kindern. Daher ist bei der sorgfältigen Auswahl des „kinderfreundlichen“ Hundes in erster Linie die ausschlaggebende Frage: Woher kommt der Hund, wie wird er aufgezogen, hat er gute und frühe Kontakte zu Kindern und eine Umwelt voller unterschiedlicher Eindrücke? Aber auch danach, in der Familie, ist es wichtig, Hund und Kind im Auge zu behalten. Kinder sollten die Bedürfnisse des Hundes kennen, und Hunde müssen Grenzen akzeptieren lernen und sich in dem „Familienrudel“ unterordnen. Damit sich Kind und Hund nicht falsch verstehen und freundlich miteinander umgehen.

Redensarten und Sprichwörter

Wie Hund und Katze

Im deutschen Sprachgebrauch gibt es die Redensarten „Die sind ja wie Hund und Katze“ oder „Wie Hund und Katze leben“, aber die Ironie, die eine konfliktträchtige Beziehung vermuten lässt, ist falsch. Denn beide können wahrhaft gute Freunde sein!
Dabei lässt das Geflecht aus Jäger und Gejagtem erstmal keine Verständigung zu. Sie lieben oder sie hassen sich, des Menschen liebste Haustiere. Und das Zusammenleben dieser Vierbeiner in einer Gemeinschaft mit dem Menschen hat eine wahrhaft lange Tradition. Die alten Ägypter hielten Katzen als Rattenfänger und Hunde als Wächter und Jagdbegleiter, dabei waren beide sehr enge Lebenspartner mit verschiedenen Aufgaben.
Das bedeutet natürlich nicht, dass die Beziehung zwischen ihnen immer ungestört und ungetrübt ist. Es sind oft haarsträubende Szenen, wenn niedliche Stubentiger ihre Krallen in zarte Hundenasen graben und Hunde stürmisch die wilde Verfolgung einer Katze aufnehmen. Das ist nicht verwunderlich, denn gegensätzlicher können Verhaltensmuster, Körpersprache und Lautäußerungen kaum sein. Missverständnisse sind vorprogrammiert. Während bei Hunden zum Beispiel Freude oder Erregung durch Schwanzwedeln signalisiert wird, bedeutet bei Katzen das Hin- und Herschlagen des Schwanzes nichts Gutes. Feliden kündigen unter gegebenen Umständen durch das Bewegen des Schwanzes einen bevorstehenden Angriff an, wohingegen unsere Hunde es als Einladung anneh-

men, näherzukommen. Der Rest ist bekannt, der Hausfrieden ist dahin. Weitere völlig konträre und doch charakteristische Gesten sind: das Knurren des Hundes („Halte Abstand!") und das kätzische, wohlig entspannte und zufriedene Schnurren. Auch das Anheben der Vorderpfote, beim Hund eine Aufforderung zum Spielen oder als Beschwichtigungssignal, empfindet die Katze als Bedrohung. Sie wird ebenfalls mit erhobener Pfote reagieren, was soviel heißt wie „Achtung, gleich knallt's!"

Doch trotz völlig gegensätzlicher Sprachen sind sie keine Erzfeinde, sondern nur Fremde, die zu Freunden werden können. Denn wenn sich Welpen und Kätzchen früh genug kennen und verstehen lernen oder gemeinsam aufwachsen, steht dem friedlichen Miteinander nichts im Wege. Zahllose Beispiele beweisen, wie Hunde und Katzen in vielen Haushalten friedlich miteinander leben. Manche Tiere pflegen innige Freundschaften ihr Leben lang.

Wenn Hunde Gras fressen, gibt's Regen Kaum wachsen die ersten grünen Halme im Frühjahr – geht es wieder los. Hunde grasen und kauen mit höchstem Genuss oder verschlingen gierig ganze Grasbüschel. Doch hinterher regnet es beileibe nicht, wie die alte Bauernregel so schön vorhersagt. Wahr ist allerdings, dass der Regen vorher da war und das Gras gut wachsen konnte und dadurch schön frisch und saftig ist. Was unseren Hunden dann besonders gut schmeckt.

Ob die Regel lautet „Frisst der Hund viel grünes Gras / gibt es bald von oben was“ oder „Fressen die Hunde Gras / wird es heut noch nass“ ist eigentlich egal, eins steht fest: Diese Bauernregel hat mit der Wirklichkeit nichts zu tun.
Das war einmal anders, denn für Bauern und die damalige Landbevölkerung waren immer wiederkehrende Ereignisse Vorboten für Wetter- oder Erntevorhersagen. So gab es auch recht abergläubische Rückschlüsse, z. B. „Eine nasse Hundeschnauze weist auf sonniges Wetter hin“ oder „Frisst der Hund Schnee oder wälzt sich darin, so steht Tauwetter bevor“.
Bauern waren schon immer besonders abhängig vom Wetter und haben es aus diesem Grund genau beobachtet. Das war für sie und ihre Familien überlebenswichtig. Dabei fielen ihnen gewisse Regelmäßigkeiten auf, etwa in den Wetterabläufen, in der Entwicklung von Obst und Getreide oder in dem Verhalten der Tiere, die sie umgaben. Daraus schlossen sie langfristige Wettervoraussagen.
Die Kenntnisse der Wetterbestimmung wurden über die Landbevölkerung weiter verbreitet, teilweise wurden Sprüche sogar als Traditionsgut aus der Antike übernommen. Auch die Kirche, die mit der Tätigkeit der Mönche die Feld- und Gartenbaukultur pflegte, verbreitete solche Regelmäßigkeiten, meist Ergebnisse astrologischer Beobachtungen aus dem Altertum, weiter. Die ursprünglich astrologischen Witterungsregeln spielen aber heute kaum noch eine Rolle. Die Kenntnisse anderer Regeln werden aber bis heute durch den jährlich erscheinenden Bauernkalender und den 100-jährigen Kalender erhalten.
Unsere Vierbeiner genießen trotz aller Prophezeiungen den Verzehr der Gräser und es scheint den Hunden egal zu sein, welche Grassorten sie fressen. Beobachtet man sie aber genau, sind sie doch sehr wählerisch und haben Vorlieben. Besonders die Quecke, auch mit dem Synonym Hundsgras bezeichnet, ist ein wohlbekömmliches

Süßgras mit vielen heilenden Eigenschaften. Es findet sich auf Äckern, an Wegrändern oder in Gärten, wo es weniger beliebt ist. Es wird vermutet, dass unsere Vierbeiner den süßlichen Geschmack dieses Grases nicht nur besonders gerne mögen, sondern die Inhaltsstoffe ebenfalls für die Verdauung förderlich sind. Die Quecke ist eine Heilpflanze, die schon in der Antike ihre Anwendung fand. In den langen Halmen finden sich Inhaltsstoffe wie Kohlenhydrate, Mineralsalze, Kieselsäure, Eisen und die Vitamine A und B. Quecke regt den Stoffwechsel und die Ausscheidungsprozesse an, sie entwässert und hilft Körperschlacken zu beseitigen sowie Hautleiden zu verbessern. Unsere Hunde wissen wohl, was gut für sie ist, denn Quecke leitet sich ursprünglich von dem Wort *vivus*, lebendig ab. Und so ist es nicht erstaunlich, dass sie nach dem Verzehr „quicklebendig" sind. Denn mit dem Grasverzehr lösen unsere Hunde sicher das ein oder andere Verdauungs- und Magenproblem, nicht nur weil Grashalme sich schützend um spitze oder unverdauliche Dinge im Magen winden. Alles was unbekömmlich ist, wird mithilfe des gefressenen Grases nach außen transportiert. Dabei wird durch Bitterstoffe im Gras die Produktion der Magensäure angeregt, die dann die Nahrung besser zersetzen kann. Reicht das nicht aus, um Unverdauliches zu „eliminieren", wird alles gemeinsam erbrochen. Dieses Erbrechen ist kein krankhafter Vorgang, sondern eine klare Selbstregulierung des Hundekörpers. Danach ist auch der Säurehaushalt im Magen wieder ausgeglichen und unser Hund rundum mit sich im Reinen.

Hunde, die bellen, beißen nicht

Dieses deutsche Sprichwort ist sehr populär und vermag erst einmal nichts anderes zu bedeuten, als auch weitere Sprichwörter aussagen: „Leute die nur drohen, sind in Wirklichkeit ungefährlich", „Große Klappe, nichts dahinter". Es wird oft gesagt, dass von Menschen, die viel reden bzw. drohen, in Wirklichkeit nicht viel zu erwarten ist. Situationen wirken im ersten Moment dramatischer, als sie in Wirklichkeit sind. Oder werden sie nur verharmlost oder falsch eingeschätzt? Denn auf den Wahrheitsgehalt dieser Sprichwörter ist kein Verlass. Bei dem „Hund, der bellt, aber nicht beißt“ zeigen zwar die Beobachtungen, dass Hunde in der Tat beim Bellen eher imponieren oder ängstlich sind, ohne gleich zum Angriff durchzustarten. Aber verlassen sollte man sich darauf nicht, wenn man ein fremdes Revier betritt und der Hund dort zu Hause ist oder sich bedroht fühlt. Sowohl als Lebensweisheit als auch bei der Einschätzung von Hundeverhalten ist die Redewendung „Hunde, die bellen, beißen nicht“ wenig geeignet. Wie populär dieser Ausspruch allerdings ist, zeigt die weite Verbreitung in vielen europäischen Ländern wie England, Frankreich oder Portugal.

Auf den Hund gekommen

Wenn Sie einem Hundebesitzer zu seinem neuen Vierbeiner gratulieren wollen, können Sie heutzutage sagen: „Oh, bist Du jetzt auch auf den Hund gekommen?“ – im Mittelalter wären Sie im wahrsten Sinne des Wortes ruiniert gewesen.

Was bei uns weit verbreitet als etwas Positives verstanden wird und den Umgang mit dem Hausgenossen Hund bezeichnet, hat eigentlich eine ganz andere Bedeutung.

Umgangssprachlich bezeichnet dieser Ausspruch einen drohenden gesundheitlichen oder wirtschaftlichen Ruin, oder schlimmer noch, ein Verelenden oder Zugrundegehen beziehungsweise einen moralischen Abstieg. Ja, da liegen wirklich Welten zwischen der ursprünglichen Bedeutung und unserem heutigen Wortverstand.

Die Herkunft dieser Redewendung hat aber doch etwas mit dem Hund zu tun. Im Mittelalter wurden Wertsachen in Holztruhen aufbewahrt. Auf dem Truhenboden waren Schutzsymbole eingraviert

oder gemalt, oftmals war das ein Hund, groß und gefährlich, um Räuber abzuschrecken. Waren die Wertsachen oder das Geld verbraucht und die Truhe leer, so konnte man das entsprechende Schutzsymbol auf dem Truhenboden sehen. Der Besitzer der Truhe war jetzt arm und mittellos bzw. „auf den Hund gekommen“. Hund bedeutete in diesem Kontext „Pleite“, womit das Ansehen in der Allgemeinheit auch gleichermaßen gesunken war.
Es heißt auch, dass es einen Zwischenboden in der Truhe gab, darunter befand sich die eiserne Reserve. Musste auch diese angegriffen werden, war man „unter den Hund gekommen“.

Vor die Hunde gehen

„Vor die Hunde gehen“ ist eine echte Strafe. Der gesellschaftliche und soziale Abstieg ist nicht mehr aufzuhalten. So kennen wir diese Redensart, die nichts Gutes beschreibt, wenngleich sie nichts mit unseren Vierbeinern zu tun hat. Gemeint ist die „Hunte“ oder „Hunde“, eine vierrädrige Bergbaulore! Bergleute, die ihre Arbeit nicht ordentlich verrichtet hatten, mussten zur Strafe den Förderwagen ziehen. Durch die schwere Arbeit gingen sie dann manchmal tatsächlich „vor die Hunde".

Eine ähnlich klingende Redewendung stammt wahrscheinlich aus der Jägersprache und bedeutet, dass das Wild ein Opfer der Jagdmeute wird, die Beute „kommt vor die Hunde" und wird erlegt.

Heulen wie ein Schlosshund Es klingt herzzerreißend, wenn Hunde heulen – ein lang anhaltender Ruflaut, der unserem menschlichen Weinen so ähnlich scheint. Deshalb bezeichnet dieser Ausspruch in der heutigen Zeit das lange und nicht mehr zu unterbrechende Weinen eines tief getroffen Menschen, bei dem viele Tränen fließen. „Heulen wie ein Schlosshund" eben – nur dass einiges an dieser Aussage missverständlich ist. Zum einen heulen Hunde nicht nur aus reiner Traurigkeit, sondern auch aus Freude, wie beim gemeinsamen Chorheulen, um den Gruppenzusammenhalt zu stärken, oder auch zur Verständigung mit den Kameraden beim sogenannten „Trennungsheulen". Dabei teilen sie auf Distanz Aufenthaltsort und Stimmungslage mit, die eine entsprechende Bandbreite haben kann. Zum anderen war mit dem „Schlosshund" ursprünglich kein Hund gemeint, der mit allen Annehmlichkeiten auf einem Schloss lebte, sondern der Wachhund, der an einer Kette angebunden war, die mit einem Schloss verschlossen war. Mit dem sprichwörtlich „heulenden Schlosshund" war also ein einsamer, unglücklicher, beunruhigter Hund gemeint, der mit einem schlimmen Schicksal haderte und Kummer und Schmerz in die Welt hinausrief.

Hundstage Die sogenannten Hundstage dauern vom 23. Juli bis zum 24. August. Sie bezeichnen eine Schönwetterperiode und stehen für die heißesten Tage im Jahr. Sie wurden nach dem Stern Sirius benannt. Sirius kommt aus dem Griechischen und bedeutet soviel wie „verbrennen". Das unterstreicht die Tatsache, dass er mehr als doppelt so massiv ist wie unsere Sonne und wesentlich heller und heißer. Als hellster Stern am Nachthimmel und Hauptstern des Sternenbildes des „Großen Hundes" wurde er schon im alten Ägypten verehrt. Viele Tempel wurden so ausgerichtet, dass sein Licht auf den Altar im Inneren fallen konnte. Außerdem basierte der ägyptische Kalender auf Sirius, da sein Auftauchen die für Ägypten lebensnotwendige Nilüberschwemmung ankündete. In mittelalterlichen Aufzeichnungen und Darstellungen von „Jakobspilgern" findet man häufig einen Hund abgebildet, auch dieser bezieht sich auf Sirius, den Hundsstern.

Im Laufe der Jahrhunderte hat sich der Beginn dieser meist heißen Wetterphase in die Julimitte verschoben. Hundstage bringen Hitze und Sonne für Zwei- und Vierbeiner und kündigen das Wetter der nächsten Monate an: „Heiße Hundstage prophezeien einen kalten Winter", „Hundstage heiß / Winter lang weiß", „Sind die Hundstage voll Sonnenschein / wird das Jahr recht fruchtbar sein", „Wenn die Hundstage Regen bereiten / kommen alsbald magere Zeiten", „Wie das Wetter, wenn der Hundsstern aufgeht / so wird's bleiben, bis er untergeht".

Kalter Hund

Ob „Kalter Hund" oder „Kalte Schnauze", es hat weder etwas mit einem verstorbenen Vierbeiner noch mit einer feuchten, kalten Hundenase zu tun.

Es ist schlicht ein schmackhafter Kekskuchen mit viel Schokolade, der auch Kellerkuchen genannt wird. Ein Kellerkuchen ist einfach herzustellen, man braucht keinen Ofen und verbrennt sich nicht die Finger. Der Kekskuchen wird nicht gebacken, sondern nach Fertigstellung im Kühlschrank oder früher im kalten Keller gekühlt. Durch seine Verarbeitung mit viel Kokosfett und Zucker ist er sehr haltbar

und glänzt dunkelbraun – vielleicht hat er, verbunden mit der Kellerkälte, dadurch einmal an eine Hundenase erinnert? Kinder und Erwachsene lieben diesen Kuchen wegen der Schokolade. Schade eigentlich, dass es so gar kein geeigneter Hundekuchen ist.

Hier ein Rezept zum Nachmachen:

Zutaten: 300 g Kokosfett, 300 g Puderzucker, 120 g Kakao entölt, 2 Eier, 4 EL Orangensaft, 8 EL heißes Wasser, 40 g Mandeln, 225 g

Butterkekse, 200 g Kuchenglasur (ergibt ca. 15 Portionen – 454 kcal pro Portion).

Zubereitung: Kokosfett in eine Stielkasserolle geben und auf mittlerer Temperatur schmelzen. Den Topf vom Herd nehmen und das Kokosfett etwas abkühlen lassen. Puderzucker und entölten Kakao in eine Schüssel sieben und mischen. Eier in eine Rührschüssel geben und schaumig rühren. Nach und nach die Puderzucker-Kakao-Mischung unterrühren. Mit Orangensaft zu einer glatten Masse rühren. Unter Rühren das leicht abgekühlte Kokosfett in dünnem Strahl zugießen. Heißes Wasser zufügen und die Kakaomasse glattrühren. Mandeln in eine Schüssel geben. Mit kochendem Wasser überbrühen und das Wasser nach ca. 5 Minuten abgießen. Die braunen Häute durch leichten Druck zwischen Daumen und Zeigefinger entfernen. Eine Kastenform leicht einfetten und mit Pergamentpapier auskleiden, das Papier evtl. mit Klebestreifen außen an der Form festkleben. Den Boden der Form mit Mandeln auslegen. 5 EL von der Schokoladenmasse einfüllen und glatt verstreichen. Darüber eine Schicht Butterkekse legen und leicht andrücken. Bei allen weiteren Schichten nur noch 2 EL Schokoladenmasse auf die Butterkekse geben und glattstreichen. Im Wechsel fortfahren, bis die Kastenform voll ist. Den Kekskuchen mindestens 2–3 Stunden oder über Nacht in den Kühlschrank oder Keller stellen, bis er gut durchgekühlt ist. Kekskuchen auf ein Brett stürzen und das Pergamentpapier vorsichtig abziehen. Kuchenglasur im heißen Wasser nach Packungsanleitung schmelzen und über den Kuchen gießen. Bis zum Servieren wird Kalter Hund im Kühlschrank aufbewahrt.
Versuchen Sie es doch mal! Viel Spaß dabei!

Hier liegt der Hund begraben

An diesem Ort herrscht Stille, es sind wenig Menschen zu sehen – „hier liegt der Hund begraben“ ... aber es ist kein Friedhof. Sondern die

„Ursache des Übels!“ Umgangssprachlich wird eher die sogenannte „Leiche im Keller“ als Grund für einen „begrabenen Hund“ bezeichnet. Auch als Hinweis auf einen Hauptverursacher oder Auslöser für ein Problem wird dieser Spruch gerne angewendet. Oder ebenfalls als Beschreibung für einen langweiligen Ort, an dem nichts los ist. Dabei hat das alles wenig mit dem Haustier Hund zu tun und beruht zudem auf einem Missverständnis durch die Doppelbelegung des Wortes „Hund“. Das althochdeutsche Wort „hunda“ und das mittelhochdeutsche Wort „hunde“ bedeutet Beute, Schatz oder Raub. Damit ist „die Leiche“ in Wahrheit eigentlich eine reiche Beute, die vergraben wurde!

Des Pudels Kern „Das ist des Pudels Kern“ sagt man leichthin, also soviel wie „Das ist der wahre oder eigentliche Sachverhalt oder des Rätsels Lösung“, so wird die Redensart im allgemeinen Sprachgebrauch verwendet. Das hat nicht wirklich viel

mit dem Pudel als Hund zu tun. Aber die Herleitung des Ausspruches bezieht sich tatsächlich auf einen Pudel. Die Aussage stammt aus Goethes „Faust" und bezeichnet einen schwarzen Pudel, der Faust entgegentritt und hinter dem sich in Wahrheit der Teufel Mephisto verbirgt. Aber nicht nur durch Goethes Werke spielt der Pudel bis heute umgangssprachlich eine Rolle.

Bekannt ist, jedenfalls ganz sportlich gesehen, die Bezeichnung „einen Pudel werfen", was eine feststehende Aussage aus dem Kegelsport ist, wenn man einen schlechten Wurf hat und die Kugel neben die Bahn rollt. Einen Hund damit in Verbindung zu bringen fällt schwer. Einfacher ist es da bei einem nassen Pudel. Der gerne gebrauchte Ausdruck „pudelnass", also „triefend nass", trifft tatsächlich eine ursprüngliche Verbindung zum Hund. Der Pudel wurde früher bei der Jagd zum Apportieren von Wasservögeln genutzt, und als der tüchtige Hund aus dem Wasser kam, war der Pudel nass, also „pudelnass". Was gleichermaßen sicher für Belustigung gesorgt haben muss, denn Pudel haben unfrisiert langes und leicht lockiges Haar, das dann ziemlich „hängt und tropft". Denn nur so lässt sich die mögliche Entstehung des bis heute beliebten Spruches „Dastehen wie ein begossener Pudel“ erklären. Dieser bezeichnet allerdings eine peinliche Situation für einen Menschen und nicht für einen Hund.

Bekannt wie ein bunter Hund Ob der Hund wirklich eine Vorlage zu dieser Redewendung geliefert hat, ist unklar. Fest steht, dass ein gefleckter Hund eher auffällt als ein einfarbiger und so sicher größere Aufmerksamkeit auf sich zieht. Der Ausspruch bezieht sich aber nicht auf den Hund, sondern einen stadtbekannten Menschen, mit der Berühmtheit eines „bunten Hundes“. Dieses Sprichwort wurde früher eher als eine Beschimpfung benutzt, denn als Ausdruck positiver Bekanntheit. Heute wird der „bunte Hund“ im Sprachgebrauch nicht mehr so negativ eingesetzt, aber ein leichter Unterton lässt sich auch heute nicht leugnen.

Das ist ein dicker Hund Welcher „dicke“ Hund mit Gewichtsproblemen wohl in der ersten Hälfte des 20. Jahrhunderts die Idee für diese volkstümliche Redewendung geliefert hat? Die Körpermaße eines Hundes lieferten jedenfalls die Basis für die noch heute gültige und angewendete Aussage, dass ein „dicker Hund“ etwas Ungeheuerliches, Unglaubliches ist, das einem Skandal gleicht. Mit einem Hund hat das nicht wirklich viel zu tun, aber wer weiß, vielleicht war ein übergewichtiger Hund damals etwas Ungewöhnliches.

Da wird der Hund in der Pfanne verrückt! Haben Sie schon mal einen Hund in der Pfanne gesehen? Hoffentlich nicht – jedenfalls hat diese moderne und sehr saloppe Redewendung nichts mit Vierbeinern zu tun. Sie steht für eine Lebenssituation des Menschen, die im ersten Augenblick nicht

zu fassen ist und für Verwunderung oder Ratlosigkeit sorgt. Eine plötzliche Überraschung, die sowohl erfreulich als auch ärgerlich sein kann.
Nicht zu fassen, dass dafür der Hund in eine Pfanne muss und kein Wunder, dass er da verrückt spielt!

Wenn der Schwanz mit dem Hund wedelt

„Das ist eine verdrehte Vorstellung, da muss jemand etwas vertauscht haben" drückt man damit aus. Denn der Hund wedelt mit dem Schwanz und nicht umgekehrt. Obwohl das sicher bei einigen Hunden auch mal so aussehen kann, hat der Hund bei diesem Ausspruch wieder nur Pate gestanden
Bei der Redensart „Wenn der Schwanz mit dem Hund wedelt" befindet sich der Mensch in einer Situation mit umgekehrten Verhältnissen, einer verkehrten Welt, in der auch einmal die Kleineren oder Schwächeren einen Größeren oder Stärkeren besiegen können. Nun, da können Hunde gut mitreden.

Keinen Hund hinterm Ofen hervorlocken

Schon bei Luther wurde mit der Redensart „Da lockt man keinen Hund vom Ofen" Unmut und Desinteresse über Langweiliges und Uninteressantes erklärt. Also nichts kann so spannend sein, einen – der damaligen Ansicht nach – faulen, trägen, bequemen, tatenlosen und arbeitsscheuen Hund im Winter von dem warmen Ofen aus einer gemütlichen Stube zu holen.
Dabei ist in diesem Sprichwort eigentlich der Mensch gemeint. Der Hund diente dabei nur als sprachliche Vorlage für den nicht wohlwollenden Vergleich von Eigenschaften, die dem Hund unterstellt wurden, nämlich grenzenlose Faulheit. Denn der Hund stand in der Hierarchie eines Bauernhofes noch hinter den Nutztieren. Er trug weder zur Ernährung bei, noch brachte er sonst Geld ein. Nach all-

gemeiner damaliger Auffassung lag der Hofhund den ganzen langen Tag bloß müde herum, fraß, schlief und passte zwischendurch ein bisschen auf. Demnach war die Wertschätzung ihm gegenüber sehr gering, und so konnte er im Vergleich zum Menschen nur negativ auffallen.
So ist der „faule Hund“, den nichts „hinter dem Ofen hervorlocken kann“, ein Synonym für einen untätigen Menschen und ein Ereignis, das nicht verlockend genug ist, um sich dafür aus der warmen Stube in die Kälte zu bewegen.

Krummer Hund

Der Hund musste auch hier für schlechte menschliche Eigenschaften herhalten. Denn in Wahrheit stecken hinter den bösen, krummen, gemeinen oder falschen Hunden die schlechten Charaktereigenschaften des Menschen. In der deutschen Sprache hatte der Hund keinen hohen Stellenwert, und so wurde er überwiegend mit Schimpfwörtern, scherzhaften Bezeichnungen oder Kosenamen in Verbindung gebracht. Auch wenn Eigenschaften des Hundes wie Treue oder Wachsamkeit sehr geschätzt waren, überwiegen doch die negativen Beispiele in der deutschen Sprache: für einen unaufrichtigen, unehrlichen Menschen steht der falsche Hund, der krumme Hund, der räudige Hund. Wortzusammensetzungen von „Hund“ mit angehängten Adjektiven werden immer noch in der deutschen Sprache wie selbstverständlich benutzt, ohne dass dabei überhaupt an den Hund gedacht wird, da es gar keinen Bezug und Zusammenhang dazu gibt, z. B.: hundemüde, hundeelend oder hundsgemein.
Ja, da kann man nur sagen „armer Hund“ und Missstand in der deutschen Sprache.

Menschen, Meinungen, Missverständnisse

Ein Menschenjahr sind sieben Hundejahre

Die wichtigste „Faustregel" im Zusammenleben von Mensch und Hund ist die Erkenntnis, dass sieben Hundejahre einem Menschenjahr entsprechen. Wo diese Regel wohl herkommt? Sie ist falsch und taugt weder zu einem Vergleich, noch ist sie in irgendeinem Fachbuch erwähnt. Ein echtes Gerücht und einer der populärsten Irrtümer.

Der Altersvergleich hinkt an ziemlich vielen Ecken und Enden. Schon die Lebenserwartung, egal ob bei Mensch oder Hund, ist von vielen unterschiedlichen Faktoren abhängig: genetische Disposition, äußere Einflüsse, soziales Umfeld, Bewegung oder Ernährung. Vieles spielt eine Rolle und beschleunigt oder verlangsamt einen Alterungsprozess.

Die gute Nachricht: Nicht nur die Menschen, sondern auch deren Hunde werden im Vergleich zu früheren Jahren immer älter.

Insgesamt werden Hunde je nach Größe und Rasse durchschnittlich zwischen 8 bis 16 Jahre alt. Der bisher älteste Hund der Welt wurde 29 Jahre und 5 Monate. Es war ein australischer Kelpie oder *cattle dog*, ein Hüte- und Treibhund mit Namen Bluey. Er wurde 1910 geboren und hütete über 20 Jahre lang Vieh, bis er 1939 starb. Arbeit hält Hunde anscheinend jung. Sonst sprechen die Fakten aus Langzeitstudien schwedischer und amerikanischer Hundeversicherer klar dafür, dass kleine Hunde eindeutig älter werden als große. Kleine Größen werden im Durchschnitt etwa 16 Jahre, sehr große oder sehr schwere Rassen nur etwa halb so alt. Das ist auch kein Wunder. Schauen Sie sich mal einen Yorkshire Terrier und eine Dogge im Vergleich an: Die Dogge braucht etwa dreimal so lange, bis sie ausgewachsen ist im Gegensatz zum Yorkshire Terrier. Ein anderer Aspekt kommt hinzu: Kleine Hunde entwickeln sich anfangs schneller, altern aber über die Jahre gesehen langsamer als große Hunde, die anfangs langsamer und dann erheblich schneller altern. Das macht am ehesten deutlich, wie wenig sich die Entwicklung und daher auch die Altersbestimmung des Hundes im Gegensatz zu der des Menschen pauschalisieren lässt.

Weiter kann man über Hundealter und Lebenserwartung Folgendes sagen: Hunde im ländlichen Umfeld leben länger als Stadthunde, kastrierte Hunde leben im Durchschnitt ein Jahr länger als unkastrierte, Mischlinge werden älter als Rassehunde bei vergleichbarer

Größe, schlanke Hunde leben länger als übergewichtige. Zusammengefasst heißt das: Der kleine kastrierte Mischling mit schlanker Figur, der in ländlichem Umfeld lebt, lebt am längsten. Na, wenigstens das Geschlecht hat bei Hunden keinen Einfluss auf die Lebenserwartung, unkastrierte Rüden und Hündinnen haben eine gleich hohe Lebenserwartung.

Und wenn der Mensch dann doch gerne einen Anhaltspunkt hätte, wann sein Hund in die Jahre kommt? Ein paar Beispiele sollen den großen Unterschied des Alters von Hunden verschiedener Größen, im Vergleich zu Menschenjahren, zeigen: Ein kleiner Hund (bis 15 kg) wäre mit fünf Jahren in Menschenjahren gesehen 40 Jahre alt. Ein fünfjähriger Hund einer mittleren Rasse (15–45 kg) würde einem Menschenalter von 45 Jahren entsprechen, ein fünfjähriger großer Hund (über 45 kg) dem von 49 Menschenjahren. Bei einem Alter von 8 Jahren wird es noch deutlicher, der kleine Hund ist dann 52 Menschenjahre alt, der mittlere 63, der große 76. Ein 11-jähriger kleiner Hund wäre 64, der mittlere 80, die große oder Riesenrasse 100 Jahre alt. Wenn das nicht weiterbringt, kann man sagen, dass ein Hund je nach Rasse zwischen 6 und 8 Jahren ein Senior ist. Oder noch einfacher: Der Hund ist so alt, wie der Mensch ihn empfindet.

Hunde lügen nicht

... denkt man so leicht, sie sind ja die „besseren Menschen“. Aber auch die liebsten Haustiere täuschen „auf Teufel komm raus“, wenn es darum geht, eine wichtige und für sie interessante Ressource zu sichern.

Was heißt eigentlich „lügen“? Es bedeutet, ganz bewusst und gezielt eine falsche Information weiterzugeben, was für denjenigen, der lügt, von Vorteil, für den Belogenen aber von Nachteil ist. Da unsere Hunde nicht sprechen können, benutzen sie als „Täuschungsmanöver“ ihr großes Repertoire an Verhaltensweisen, mit denen sie mit uns und Artgenossen kommunizieren. Es ist also eine durchaus beabsichtigte Strategie, wenn Hunde ihrer Umwelt falsche Signale senden. Die meisten Formen von „Vortäuschung“ findet man bei Hunden, um Größe und Stärke zu simulieren. Dabei stellen sie die Rückenhaare auf, denn das macht sie optisch größer, oder sie benutzen bestimmte tiefe Knurrlaute, damit sie stärker erscheinen, als sie in Wahrheit sind.

Am erstaunlichsten ist, dass gerade viele unterwürfige Verhaltensweisen des Hundes im Zusammenleben mit dem Menschen taktisch angewendet werden, um mit einer Beschwichtigungsgeste geschickt vorzubeugen und damit so zu tun, als wäre eigentlich gar nichts. Dazu zählt das auf den Rücken werfen, Pföteln, Wegschauen, Nase

lecken, am Boden schnüffeln, plötzliches Spielen, geduckte Körperhaltung und vieles mehr. Ist das Ziel dieser Strategie erreicht, ist in der Folge keine Rede mehr von Zurückhaltung.
Haben Sie schon mal einen Hund beobachtet, als er ins Bett wollte, obwohl er das eigentlich nicht darf? Da wird sich in etwas geduckter Haltung vorsichtig angeschlichen, mit der Zunge über die Nase geleckt, woanders desinteressiert hingeguckt, wenn es die Größe zulässt der Kopf langsam auf die Matratze gelegt, unterwürfiges Schwanzwedeln gezeigt, die Ohren zurückgelegt – wenn der Mensch dann noch nicht auf so charmantes Herannahen reagiert, geht's weiter, erst vorsichtig eine Vorderpfote, dann folgt die zweite Pfote – reagiert der Mensch immer noch nicht, macht es hopp, und ab ins Bett. Dann macht sich unser Freund so klein, als wäre er nicht wirklich anwesend, und eigentlich hat ihn ja auch niemand gesehen. Fühlt er sich dann sicher auf seinem eroberten Bett, macht er sich so breit, dass niemand mehr außer ihm Platz hat. Das schaffen im Übrigen sogar kleine Hunde. Ja, wenn das mal vom Hund kein kluger Schachzug ist.
Andere Situation: Der Hund wird auf dem Bett liegend erwischt, obwohl er das nicht darf. Eins ist dem Hund augenblicklich klar, jetzt folgt ein saftiger Kommentar seitens des Menschen. Was tut der Hund? Steht auf, wedelt wie wild, hüpft auf dem Bett hin und her, macht eine Spielaufforderung nach der anderen, steigt dabei vom Bett, als wäre nichts geschehen, springt weiter um den Menschen herum und macht ein irrsinniges Theater. Wer soll da noch böse sein? Kein Mensch – also gut ausgetrickst. Und dann? Ist der liebe Mensch um die Ecke, geht der Hund unbeeindruckt wieder gemütlich aufs Bett ... Echte „Einwickler", diese Hunde.
Mit diesem Charme können sie so manchen Hundebesitzer, aber auch Artgenossen verwirren und milde stimmen. Ganz schön schlau von unseren Vierbeinern, sie wenden diese Strategie gerne bei allem

an, was „heißersehnt“ und schwer zu bekommen oder gar verboten ist, da ist der Reiz umso größer! Dazu können interessante Ressourcen zählen, wie das Sofa, das Bett, jede Form von Futter, die heiße Hündin, das Bällchen oder der Stock, den gerade ein anderer Hund sein Eigen nennt. Bei erfolgreicher Manipulation des Gegenübers geht dann alles blitzschnell: demütiger Charme oder Desinteresse vortäuschen, anschleichen, annähern an das Objekt der Begierde, wegnehmen, abhauen und verteidigen, wenn es sein muss. Die Energie und der Zeitaufwand lohnen sich meistens, anfangs muss der Vierbeiner noch eher strategisch tricksen, aber mit der Zeit ist das nicht mehr nötig. Der Mensch ist „weichgekocht“, und das Erobern beliebter Ressourcen geht ganz von alleine – direkt ohne Hindernisse. Ganz schön schlau, unsere Hunde ...

Der tut nix! Hunde tun dem Menschen einfach gut: Sie sind ein guter Partner, gut für die Gesundheit und als gute Arbeitskraft in vielen Bereichen unserer Gesellschaft nicht wegzudenken. Ein Familienverband ist das Schönste für einen Hund, Einsamkeit ist hingegen das Schlimmste für ein Rudeltier. Daher ist ein Hund, der in einen Haushalt kommt, etwas Wunderbares. Jeder Hund, egal welcher Rasse er angehört, wird zum größten Teil durch eine gute Sozialisation mit dem Menschen, Kindern und seiner Umgebung zu einem verträglichen, unproblematischen Haushund gemacht.

Es ist aber nicht von der Hand zu weisen, dass Hunde zu den hundeartigen Raubtieren gehören, dazu zählen u.a. noch der Fuchs und der Wolf. Das Erbe seiner Vorfahren, ein „wildes“ Tier zu sein, hat der Hund mittlerweile durch das intensive Zusammenleben mit dem Menschen abgelegt. Dennoch ist der Hund ein Raubtier, und wenngleich domestiziert, ist seine Überlebensstrategie doch die, sich vor Schmerz zu schützen und bei Angst die Flucht zu ergreifen

oder sich zu wehren. Die Maßnahmen, die ein Hund dann ergreift, sorgen in einer zivilisierten Menschenwelt für Unverständnis, weil sie nicht mit unserem Moraldenken übereinstimmen. Aber so wie Menschen kriminell, bösartig oder gar handgreiflich werden können, so kann auch der Hund zum Täter werden. Die Art der Tat oder Handgreiflichkeit richtet sich dann nach dem Hund und der Situation, dem Auslöser. Das kann ein Hase oder eine Feldmaus sein, die einfach den Weg des Hundes kreuzen, der Radfahrer oder ein schreiendes Kind, das wegläuft. Die Reaktionen reichen von der reinen Orientierung in Richtung Beute, dem Nachlaufen oder Springen, bis hin zum Fangen. Alles, was danach kommt, ist ganz unterschiedlich. Die einen lassen die Beute sausen, die anderen verspeisen ihr Opfer, z. B. die Feldmaus, an Ort und Stelle – je nach Erfahrung und Veranlagung. Der Hund ist ein Beutejäger und von Natur aus kein Vegetarier. Als selbstbelohnendes Verhalten ist das Jagen eine echte Freude für den Hund, und auch der Mensch bleibt nicht verschont: ein bisschen Zerren am Hosenbein, dem laufenden Jogger hinterherjagen oder Ähnliches. Meistens sind diese „Attacken" harmlos, aber eben nicht immer.

Im Zusammenhang mit Schmerzen verstehen Hunde keine Zurückhaltung. Ein Hund kann beißen, wenn er unter starken Schmerzen leidet und der Mensch ihn genau dort anfasst, wo er Schmerzen hat – eine für den Hund normale Abwehrreaktion. Auch bei einem plötzlichen Erschrecken könnte ein Schnappen des Hundes eine mögliche Folge sein. Das ist im Umgang mit Kindern immer zu berücksichtigen. Kinder gehen häufig nicht gerade zimperlich mit dem Spielkameraden Hund um. Dabei können Situationen entstehen, in denen sich der Vierbeiner bedroht oder gestört fühlt. Seine Selbstverteidigung tritt dann in Kraft. Ungewollte Schmerzen, die beim Hund durch ein Am-Schwanz-Ziehen verursacht werden oder durch abruptes Stören im Schlaf, sorgen für einen „übel" gelaunten Hund. Dabei ist die Skala der möglichen Reaktionen unterschiedlich, aber niemals zu unterschätzen. Kleine Kinder haben keinen „Rücksichtsbonus" zu erwarten und sollten daher niemals mit einem Hund alleine gelassen werden.

Das Zusammenleben von Mensch und Hund ist für beide eine Bereicherung, dennoch kann je nach Situation eine Gefahr von einem Hund ausgehen. Noch immer hat der Hund ein Raubtier im Blut.

Der will nur spielen

Glauben Sie, Ihr Hund wollte immer nur spielen, wenn er mal wieder freudig um sie herumhüpft oder mit seinen Freunden über die Wiese springt und tollt?

Glauben Sie auch, dass er nur spielt, weil er nichts anderes im Sinn hat? Die erste Frage wäre nun: Wie alt ist Ihr Hund, ist er noch ein Welpe, schon Junghund oder bereits erwachsen?
Die Wahrheit ist, Hunde spielen für ihr Leben gern, und sie tun es nur in entspannten Momenten. Bei erwachsenen Hunden steckt aber häufig mehr hinter einem lebhaften Spiel als nur die Ausgelassenheit des Augenblicks. Ein Spiel kann taktisch gezielt eingesetzt werden, um einen anderen auszutricksen, oder dazu benutzt werden, „offene Fragen" zu klären. Spiel ist eine durchaus ernste und wichtige Angelegenheit, kann Beziehungen festigen und soziales Lernen fördern. Aber Vorsicht – ein Spiel kann auch „kippen", dann wird aus dem Spaß eine ernste Angelegenheit.

Alleine oder mit anderen zu spielen ist eine wunderbare Gelegenheit, gemeinsam Spaß zu haben.
Egal ob der Mensch mit dem Hund spielt oder der Hund mit Wiesenkumpanen tollt, beim Spiel herrscht eine lockere Atmosphäre. Hunde spielen nur, wenn sie nicht müde, satt oder hungrig sind, keine Angst und keinen Stress haben und natürlich, wenn sie nicht gerade mit etwas anderem, wie etwa Jagen, beschäftigt sind. Eindeutige Kennzeichen für ein gelungenes, ausgelassenes Spiel sind ständige Rollenwechsel der Spielpartner, z. B. vom Jäger zum Gejagten. Dabei gibt es keinen Gewinner oder Verlierer und keinen ernsten Bezug. Alle Bewegungen werden übertrieben, überschwänglich gezeigt und wiederholen sich ständig. Hunde zeigen ein typisches Spielgesicht, wobei sie anfangs etwas abwesend wegschauen, geben typische Spiellaute von sich, sie hopsen herum und gehen mit dem Vorderkörper herunter, bevor sie lostoben.
Welpen können sich stundenlang dem Spiel hingeben und zeigen oft eine Vermischung von Spiel und Aggression, wobei sie lernen, ihr soziales Miteinander und ihre motorischen Fähigkeiten auszubilden. Die kleinen Racker messen aber auch in dem ungezwungenen Miteinander ihre Kräfte. Bei erwachsenen Hunden wird das Spiel dann schon mal als passende Gelegenheit genommen, „den eigenen Status zu verbessern“ (Erik Zimen). Dabei wird taktisch klug gehandelt, um die soziale Rangordnung anzutesten. Keine schlechte Idee, denn so gelingt es den Hunden im Spiel, unterschwellige Aggressionen abzubauen, und es werden direkte Konflikte verzögert oder verhindert, auch hier gilt ein „spielerisches Kräftemessen“, so Dr. Udo Gansloßer.
Weiter können Hunde durchaus die spielerische Variante wählen, um trickreich ein interessantes Ziel so ganz nebenbei zu erreichen. Natürlich präsentiert man sich als Hund dann ganz lässig und ungezwungen, täuscht spielerisch an, nähert sich dem begehrten Objekt,

z. B. einem Knochen, und staubt ihn dann ab. Oder man nutzt die Gelegenheit, ganz spielerisch gute Stimmung bei einer Auserwählten zu machen, um damit das Interesse der schönen Hundedame zu wecken und sie so „klammheimlich anzumachen".
Aber Achtung, bei all den lustigen Spielchen können Verhaltensweisen schnell vermischt werden, und das Spiel verkehrt sich ins Gegenteil. Urplötzlich wird beim fröhlichen Rennspiel der Gejagte zur echten Beute, oder beim Aufreiten ohne Hintergedanken wird dann daraus doch ein echtes Sexualverhalten. In der Gruppe kann von jetzt auf gleich ein ausgewähltes Tier Auslöser sein, um von allen „gemobbt" zu werden, oder ein weglaufender Hund wird als Beute zum gejagten Objekt der ganzen Hundemannschaft.
Und die gemeinsamen schönen Spiele mit dem Menschen? Sind Ball- oder Stöckchenspiele echte Spiele ohne ernsten Hintergrund? Das Spielzeug Ball oder Stock ist im Grunde nichts anderes als eine vom Menschen umfunktionierte und simulierte Beute, die vom Hund gefangen werden will, sonst macht es ja keinen Spaß. Ein lustiges Spiel für den Hund, das echte Jagdleidenschaft für ihn bedeutet, dabei ist es vom Hund ziemlich ernstgemeint, die Beute auch zu fangen.

Hunde haben ein schlechtes Gewissen

Ganz eindeutig. Jeder hat schon einmal einen Hund mit schlechtem Gewissen gesehen. Wenn ein Hund etwas gemacht hat, das dem Menschen missfällt, macht der Hund ein dazu passendes „Gesicht". Vielleicht hat er bei Abwesenheit des Besitzers in der Wohnung ein Geschäft gemacht oder diese einmal komplett umdekoriert. Vielleicht hat er aber auch ein Reh verfolgt, weil er immer mal wissen wollte, ob die auch so aussehen, wie sie riechen. Sei es drum. Der Mensch ist nicht gerade begeistert, der Jagdvorsteher im Übrigen ebenfalls nicht. Was passiert also, wenn Sie von Ihren Erledigungen in die Wohnung zurückkehren oder der Hund von seiner Tour durch Wald und Wiesen? Sie sind stocksauer und der Hund hat ein echt „schlechtes Gewissen“. Welches sich dann so äußert, dass er Sie unschuldig anschaut, wenn er sich überhaupt traut, Sie anzuschauen, zurückgelegte Ohren hat, die Rute einklemmt und sich bei allem noch so klein macht, dass er kaum laufen kann. Sie sagen: „Der weiß ganz genau, was er falsch gemacht hat.“ Entweder belassen Sie es dabei, oder der Hund wird bestraft. Wobei Letzteres absolut nicht angebracht ist, denn der Hund sagt Ihnen mit seiner Geste eindeutig „Bitte tu mir nichts!“

Nun, aber wieso vermittelt er Ihnen, Sie sollen ihm nichts tun? Weil er ein schlechtes Gewissen hat? Fürchtet der Hund den unvermeidbaren Konflikt, weil er genau weiß, dass es nicht gut war, was er in der Vergangenheit gemacht hat? Nein.

Kurz gefasst, er benimmt sich so, weil er zum Teil schlicht Angst vor Ihnen hat, weil Sie nicht nur sauer sind und das äußern, samt Mimik, Gestik und Stimme, sondern weil Sie in diesem Moment auch so sauer riechen, wie Sie auftreten. Nach der Buttersäure im Schweiß nämlich, und das heißt bei vermehrtem Auftreten in der Regel nichts Gutes. Gleichzeitig kann bei gegebener Situation die Verknüpfung des Hundes mit „Das habe ich gelernt, das fand der Mensch gut“ mit dem „Oh, das hatte ich anders gelernt, jetzt findet der Mensch das gar nicht gut“ passieren. Die Folge ist, dass der Hund den Menschen unterwürfig bittet, wieder Teil seiner Gesellschaft sein zu dürfen.

Ausführlich betrachtet fängt das Thema „schlechtes Gewissen“ bei dem menschlichen Empfinden von Moral und Schuldgefühlen an. Ein Mensch setzt sich selbst ethische Maßstäbe und findet bestimmte Dinge für sich gut oder schlecht. Tut er etwas, was er als gut betrachtet, ist es für ihn oder seine Gesellschaft moralisch in Ordnung und richtig. In anderen Kreisen oder Kulturen kann das schon wieder anders aussehen. Macht der gleiche Mensch etwas, was er moralisch eigentlich nicht mit seinen Ansichten vereinbaren kann, z. B. der Mensch geht seinem Partner fremd, meldet sich das Schuldgefühl, die Reue, das Schamgefühl, das schlechte Gewissen. Der Wunsch nach Wiedergutmachung meldet sich. Dieses Wertesystem des Menschen existiert für den Hund nicht. Es gibt für den Hund kein Gut oder Schlecht, der Hund „hat kein selbstgeschaffenes Moralgesetz“ (Dr. Dorit Feddersen-Petersen). Für den Hund ist alles gut, solange für ihn die Dinge zufriedenstellend laufen. Laufen sie für ihn nicht gut, empfindet er das für sich als schlecht. Auch wenn das eher an einen egoistischen Menschen erinnert, ethische oder religiöse Werte, die der Mensch hat, wie „Du darfst nicht töten“, sind z. B. für ein Raubtier wie den Hund nicht existent. Außerdem findet der Hund im Gegensatz zum Menschen ganz andere Dinge gut oder schlecht.

Aber wie entwickeln Menschen Werte? Sie machen Erfahrungen, werden erzogen und ziehen persönliche Schlüsse daraus. Sie haben die Fähigkeit, zukunftsorientiert zu denken, denn Handlungen können in der Zukunft Folgen haben. „Wenn ich jemanden töte und es rauskommt, ist es vorbei mit meiner Karriere" – und Zukunft bedeutet für den Menschen das Wissen darüber, dass man irgendwann sterben wird. Hunde leben im Hier und Jetzt. Das unterscheidet uns vom Hund.

Nun, der Hund hat im Zusammenleben mit dem Menschen gelernt, sich anzupassen. Der Mensch hat ihm Regeln vorgegeben, und meist hält er sich mehr oder weniger daran. Beachtet er diese festen Regeln nicht, gibt's Ärger mit dem Menschen, das hat er auch gelernt. Die Regeln sind aber die des Menschen und daher oft schwer vom Hund einzuhalten. Die menschlichen Regeln werden von jedem nach seinen ganz persönlichen, moralischen Gesetzen entworfen und dann im wahrsten Sinne auf den Hund übertragen! Der arme Hund unterliegt damit quasi dem „schlechten Gewissen" seines Menschen. Zeigt der Hund also ein „schlechtes Gewissen" heißt das, nur der Mensch hat ein Problem, und der Hund antwortet: „Tu mir nichts, lass uns weiter Freunde bleiben."

Hunde sind eifersüchtig

Hunde haben alle guten Eigenschaften des Menschen, ohne gleichzeitig ihre Fehler zu besitzen. FRIEDRICH DER GROSSE

Eifersucht ist ein Gefühl. Da viele Gefühle unserer Vierbeiner noch nicht tiefer erforscht sind, ist die Wertung von Emotionen bei unseren Hunden nur subjektiv auf menschliche Empfindungen und Verhaltensweisen bezogen. Dabei werden im Alltag bei den Gefühlswelten von Mensch und Hund „Äpfel mit Birnen" verglichen. Aber

spannend ist die Erkundung einer menschlichen Empfindung wie der Eifersucht schon, bezogen auf das Verhalten von Hunden im Zusammenleben mit dem Menschen.
Schon die Herleitung von „Eifersucht“ lässt ein wenig nachdenklich werden: ai = Feuer (indogermanisch), eiver = das Herbe, Bittere, Erbitterung (althochdeutsch) und suht = Krankheit, Seuche (althochdeutsch).
„Feuer, Erbitterung, Krankheit“ – Kein Wunder also, dass die Definition immer noch viel diskutiert wird. Aber angesichts der Tatsache, dass es das Wort „Eifersucht“ erst seit dem 16. Jahrhundert und das abgeleitete Substantiv „eifersüchtig“ erst seit dem 17. Jahrhundert gibt, lässt sich weiter spekulieren, wieso sich vorher niemand aufgeregt hat, wenn sich jemand die Aufmerksamkeit, Zuneigung oder sogar den Besitz eines Menschen vorbehalten hat.
Und was hat das jetzt mit unseren Hunden zu tun? Sie verhalten sich doch häufig so „eifersüchtig“, wenn sie den geliebten Menschen oder Hund ganz für sich haben wollen und zwischenmenschliche oder „hundliche“ Großzügigkeit, die plötzlich einem anderen gelten, nicht dulden. Abgesehen davon, dass Eifersucht die Bezeichnung einer menschlichen Gefühlswelt ist, die ohnehin nicht zu übertragen ist.
Was aber tut der „eifersüchtige“ Hund, wenn er nicht will, dass jemand Frauchen näherrückt oder Herrchen einen anderen Hund streichelt oder auf einmal Nachwuchs im Haus ist?
Kurz gefasst, der Hund macht Besitzansprüche klar, er zeigt einem vermeintlichen Rivalen und Konkurrenten mit seinem Verhalten, worauf er meint Anspruch zu haben. Dabei besteht er auf sein Eigentumsrecht. Eine vergleichbare Situation ist das Konkurrenzverhalten zweier Rüden um die Gunst und die Besitzansprüche einer läufigen Hündin. Dabei können durchaus Streitigkeiten die Folge sein.

Demnach sind häufig übertriebene Besitzansprüche des Hundes die Grundlagen für ein Verhalten, das der Mensch mit Eifersucht bezeichnet. Es geht bei Hunden aber nicht um Eitelkeiten wie bei Menschen, sondern um klare Rivalitäten, die sich dann gezielt gegen eine bestimmte Person oder einen Artgenossen richten.
Eine zu enge Bindung und starke Abhängigkeit des Hundes an seinen Menschen sind die Ursachen für ein Hundeverhalten, das jeden vermeintlichen Gegner abwehren möchte. Das kann sich gegen den Konkurrenten beispielsweise mit einem fixierenden Blick, Knurren, Bellen, Wegdrücken oder Schnappen zeigen.
Der Hund präsentiert damit in seinem Gesamtverhalten eine Mischung aus Unsicherheit und Kontrolle. Nicht nur, dass der Hund seinem „Besitz“ im Alltag auf Schritt und Tritt folgt, um zu sehen was dieser gerade macht und weil er nicht alleine sein kann. Weiter zeigt der fixierte Hund auch häufig eine große Verunsicherung bei Unbekanntem oder auch gegenüber Artgenossen. Durch seine Unselbständigkeit wirkt Fremdes auf ihn wie eine Bedrohung und bringt ihn aus dem Gleichgewicht. Zusammenfassend ist ein „eifersüchtiger“ Hund nicht nur für den Rivalen weniger schmeichelhaft, er führt auf Dauer Mensch und Hund in eine Sackgasse.

Hunde verstehen jedes Wort

„Leckerchen!!“, „Gehen wir Gassi?“, „Such den Ball“, „Sitz“, „Bleib“... Eigentlich ist es nicht zu glauben – Hunde sollen unsere Worte nicht verstehen? Sie reagieren doch auf uns, sie wissen doch schon vorher, was wir wollen, auch ohne viele Worte!
Unsere Hunde sind wirkliche Multitalente, anpassungsfähig, flexibel und vor allem sehr aufmerksam. Sie lernen die fremde Sprache der Menschen mit ihrer ganz eigenen Bedeutung kennen und bewegen sich in zwei unterschiedlichen Welten ständig hin und her.

Das muss der Mensch erst einmal nachmachen. Ein Mensch, der die Sprache eines anderen nicht spricht, gestikuliert wild mit Händen und Füßen. Da ein Hund nicht sprechen kann, verständigt er sich auf seine bekannte Art und Weise. Und weil er darüber hinaus nun tatsächlich kein Wort versteht, gebraucht er andere Möglichkeiten, um die Sprache der Menschen zu deuten.

Hunde haben gelernt, zu beobachten – sehr gut zu beobachten. Das ist zwar nicht mehr so überlebenswichtig wie beim Wolf, aber im friedlichen Zusammensein mit dem Menschen notwendig. Durch die Domestikation des Hundes und die vertraute Verbindung zum Menschen ist der Hund sogar stärker verändert worden, als viele Hundehalter wissen: Untersuchungen am Max-Planck-Institut für evolutionäre Anthropologie in Leipzig konnten nachweisen, dass „Hunde bereits genetisch bedingt menschliche Zeichen interpretieren können".

Hunde schauen ihren Menschen ständig aufmerksam zu. Mimik und Gestik, Bewegung, Körpergeruch und Stimmung – nichts entgeht ihnen. Sie haben ein gutes Gehör und achten genau auf das, was der Mensch als Sozialpartner sagt. Stimme, Betonung und Klang werden interpretiert und in einem umfassenden Gesamtbild mit der Körpersprache und der Situation in Verbindung gebracht.

„Paul Ekman von der University of California in San Francisco hat beim Menschen genau 43 Bewegungseinheiten in der Gesichtsmuskulatur des Menschen festgestellt, dabei können sich aus nur fünf einzelnen Bewegungen wiederum 10.000 weitere Gesichtszüge zusammensetzen. Viele sind zwar nur für Grimassen von Kindern geeignet, aber gut 3.000 Gesichtszüge verraten etwas über unseren inneren Zustand. Das ist auch vielen Hellsehern oder Kartenlesern nicht verborgen geblieben, die anhand der Mimik „Gedanken lesen" können (Ausschnitt eines Beitrages aus dem SPIEGEL 15/06, „Stimme aus dem Nichts").

Nicht umsonst verstehen unsere Hunde vieles „ohne Worte“, denn nicht was der Partner Mensch sagt, sondern *wie* er es sagt ist entscheidend. Hunde können vielfältige Signale des Menschen erkennen, entschlüsseln und antworten darauf. „Interessant ist die Tatsache, dass Hunde zwar lernen können, Worte mit bestimmten Aufforderungen zu verbinden, ihnen jedoch so etwas wie ein Wortverständnis völlig fehlt. Der Hund vermag Wörter nicht nach ihrer Bedeutung, sondern lediglich nach ihrem sinnlich-akustischen Charakter zu unterscheiden“, analysiert Dr. Dorit Feddersen-Petersen. Das kann man gut einmal ausprobieren, indem man dem Hund ein für ihn sehr bekanntes Wort in abgeänderter Form sagt. Dabei sollte der Klang der Stimme und z. B. die Handbewegung mit dem bekannten Wort gleich angewendet werden, beispielsweise anstatt „Platz“ sagt man „hatz“ und zeigt dem Hund, dass er sich hinlegen soll. Oder anstelle von „Leckerchen“ sagt man fröhlich „Schmerckerchen“. Das klingt fast gleich und wird mit dem gleichen Auslöser „Was zu fressen für Zwischendurch“ in Verbindung gebracht. Gut gelernt, kann man da nur sagen. Und bei einer freundlichen und nicht zu lauten Ansprache kann der Hund seine Neugierde nicht mehr zurückhalten.

Das macht weiter deutlich, wie klar die Ansprache bei der Erziehung sein sollte, damit der Hund weiß, was gemeint ist. Nur kurze und eindeutige Kommandos in gleicher Tonart werden verstanden und erhöhen die Aufmerksamkeit des Hundes. Alles andere kann nicht klar abgegrenzt und einem Befehl zugeordnet werden.

Unsere vierbeinigen Freunde können ohnehin durch die Lautstärke, den Tonfall, die Betonung und die Art, wie schnell oder langsam die Menschen um ihn herum sprechen, in Kombination mit den Bewegungen die augenblickliche Stimmung einschätzen. Sie haben das Ausdrucksverhalten des Menschen in einem engen Geflecht des Zusammenlebens „studiert“, und so bleiben sämtliche Befindlichkeiten dem Hund nicht mehr verborgen. Dabei überträgt sich auch eine bestimmte Stimmung auf den Hund, wenn der Partner Mensch beispielsweise traurig ist. Der Vierbeiner weiß nicht, warum etwas

augenblicklich anders ist als sonst, und zeigt das seinem Sozialpartner, indem er ihn leckt oder anstupst, mit der Frage: „Was ist los? Das verstehe ich jetzt nicht." Das macht die wunderbare Beziehung zwischen Mensch und Hund aus. Beide sind nach einer Weile des Zusammenlebens aufeinander eingestimmt, und für den Hund ist es manchmal sicher gar nicht so schlecht, wenn er nicht wirklich versteht, was man ihm sagt.

Ein großer Garten ersetzt den Spaziergang

Es heißt immer: Wenn man sich einen Hund anschafft, muss man dreimal am Tag mit ihm spazierengehen, bei Wind und Wetter. Oder es reicht aus, wenn man ein großes Grundstück hat und ihn in den Garten schickt. Wird man dem Hund durch Letzteres gerecht oder ist das ein Irrtum?

Hunde sind hochsoziale Säugetiere, genau wie der Mensch. Ebenso wie der Mensch braucht der Hund Abwechslung, Kontakte sowie das individuelle Ausleben seiner ganz eigenen Bedürfnisse. Obwohl „jeder Jeck“ anders ist, gehören Bewegung für eine physische Auslastung, aber auch wechselnde Umweltreize für einen psychischen Ausgleich zu den absoluten Grundbedürfnissen unserer Vierbeiner. Wenngleich viele Rassen auf bestimmte Eigenschaften besonders gezüchtet sind, gelten diese Grundbedürfnisse für jeden Hund, egal ob groß oder klein.

Aus dem Alltag sind Hunde als soziale Partner mit dem Menschen nicht mehr wegzudenken. Sie leisten erstaunliche Dienste als Rettungshunde, Spürhunde, Blindenhunde, Jagdhunde, Wachhunde und vieles mehr. Vielfach ist der Hund auch einfach nur ein „Familienmitglied“ – er lebt bei Einzelpersonen, Paaren oder Familien und erfüllt häufig keine besonderen Aufgaben, er ist einfach nur dabei. Mensch und Hund sind durch ein Gefühlsband miteinander verbunden, und der Hund ist in seinem Leben beim Menschen darauf angewiesen, wie dieser ihm den Tag gestaltet. Das bedeutet ein Leben mitten im Tagesrhythmus des Menschen, angepasst in einem Leben zwischen Verpflichtungen und Freizeit.

In ihrer langen Geschichte wurden Hunde zu ausgezeichneten Spezialisten gezüchtet. Bestens an ihre häusliche Umgebung angepasst, wurden in Zusammenarbeit mit dem Menschen sinnvolle gemeinsame Aufgaben erfüllt. Diese vielen Charaktereigenschaften haben bis heute noch großen Einfluss auf die Gestaltung des Zusammenlebens mit dem Hund. Ganz pauschal sagt man einzelnen Rassen bestimmte Eigenschaften nach: Retriever apportieren für ihr Leben gern, Schlittenhunde sind belastbare Marathonläufer, Hütehunde hüten alles und jeden, Wachhunde sind besonders wachsam usw.

Die Eigenschaften reichen vom Spitzensportler bis zum gemütlichen, ruhigen Gesellen. Doch jeder Hund hat wie der Mensch eigene Vorlieben, die für ihn und seine Zufriedenheit wichtig sind. Deswegen ist der Mensch in der Verantwortung, für jeden „Hundeindividualisten“ seinen Bedürfnissen entsprechend eine hundegerechte Haltung anzubieten.

Der Hund ist ein Lauftier, und egal ob der Bewegungsdrang und das Bewegungsbedürfnis mehr oder weniger ausgeprägt vorhanden sind, liegen sie doch weit über dem des Menschen. Auch die Aufnahmefähigkeit von Informationen über den enormen Geruchssinn bei Hunden ist riesig. So wie der Mensch über das Auge pro Minu-

te tausende von bewussten und unbewussten Reizen aus der Umwelt aufnimmt, so bekommt der Hund viele Informationen über Artgenossen aus dem Duft von unterschiedlichen Spuren. Wie wichtig das ist, zeigt die Tatsache, das ein Achtel des Hundegehirns nur mit der Verarbeitung des Geruchs beschäftigt ist. Da wundert es kaum, dass Hunde den individuellen Geruch sowohl von Artgenossen als auch vom Menschen speichern und zuordnen können.
Auch wenn es keine übergreifende „Hundeformel" gibt – der Garten reicht als einzige Erkundungszone nicht aus für diesen Superschnüffler, ebenso keine zehn Minuten „Geschäft erledigen" lassen, auch nicht, wenn es dreimal am Tag zehn Minuten sind. Vielmehr ist die körperliche und geistige, abwechslungsreiche Beschäftigung mit dem Hund entscheidend für das normale Verhalten innerhalb der Menschen- und Hundegruppe.
Laufen, rennen, riechen, buddeln, Kontakt zu Artgenossen und Menschen knüpfen, spielen, raufen, Aufgaben haben und sich innerhalb eines vorgegebenen Rahmens anpassen, aber auch frei bewegen können. Das gehört zu den normalen Bedürfnissen eines jeden Hundes, um artgerecht und zufrieden zu leben. Ist der Hund geistig und körperlich ausgelastet, ist nicht nur der Hund, sondern dadurch auch der Mensch zufrieden.

Hunde sollen gleichberechtigt sein

Mensch und Hund ergänzen sich hundert- und tausendfach, Mensch und Hund sind die treuesten aller Genossen. ALFRED BREHM

Gleichberechtigung für alle, egal ob Mensch, ob Hund? Im Zusammenleben gibt es keine Unterschiede, es gilt, möglichst alle gleich zu behandeln ...
Der Hund hat die gleichen Rechte wie ein Mensch in einer gemeinsamen Beziehung. Der Hund macht deutlich, was er will, der

Mensch reagiert, und alles ist gut. Der eine gibt, der andere nimmt. Schön abwechselnd, wie in einer gleichberechtigten Partnerschaft. Wenn das stimmen würde, wäre alles ganz einfach, es gäbe keine unerzogenen Hunde, keine unglücklichen Hundebesitzer, keine zufriedenen Nicht-Hundebesitzer, und es gäbe vor allem arbeitslose Hundeschulen! Und um alles noch komplizierter zu machen, gibt es sicher auch Hunde, bei denen dieses System ohne weitere Auffälligkeiten funktioniert. Diese Einzelfälle sind jedoch nur Ausnahmen und nicht die Regel, denn das eben Erzählte ist ein großer Irrtum und eine glatte Fehleinschätzung unserer Hunde.

Im Hundeleben gibt es keine Gleichberechtigung, keine Dankbarkeit und ganz nebenbei kein Rezept, das für alle Hunde gleichermaßen gilt. Gleichberechtigung und Dankbarkeit sind geschätzte moralische Wertvorstellungen von Menschen, die für Hunde nicht gelten.

Hunde leben in einem sozialen Gefüge mit einem Geflecht an unterschiedlichen Rangordnungsstrukturen von Zweierbeziehungen und Bindungen. Dieses Gerüst ist nicht starr oder gar von Machtsüchtigen brutal beherrscht. Aber dieses soziale Gefüge funktioniert nur deshalb harmonisch, weil jedes Hundemitglied einen Platz im System eingenommen hat. Das ist zu vergleichen mit einem gut funktionierenden Unternehmen: An der Spitze gibt es einen Chef oder eine Chefin, der/die Anweisungen gibt, der/die freundlich souverän agiert, viel Verantwortung übernimmt und von der Mannschaft darunter mit Respekt behandelt und akzeptiert wird. Jeder Mitarbeiter im Unternehmen geht seinen festgelegten Aufgaben nach, genießt den einen oder anderen persönlichen Freiraum, um Ideen zu verwirklichen, und ist zufrieden, da der Arbeitsplatz den Lebensunterhalt sichert. Die gelegentliche „Sägerei an Stuhl und Posten" mit einkalkuliert.

Entscheidend wichtig ist der Führungsstil des Chefs. Ist er oder sie, wie oben beschrieben, ruhig, freundlich, souverän und hat ein sicheres Auftreten, ist alles in Ordnung und keiner zweifelt am Führungsstil. Mal hypothetisch, würden Chef oder Chefin den Führungsstil ändern und jeden Tag Mitarbeiter körperlich mäßigen, gäbe es einen Aufstand. Das andere Extrem: Angenommen er oder sie tritt plötzlich ängstlich und unsicher auf und würde allen Mitarbeitern nur noch ständig hinterherlaufen und ausschließlich Kaffee kochen. Spätestens dann würde die Chefetage nicht mehr ernstgenommen und nach kürzester Zeit nicht mehr besetzt sein. Ein anderer würde die Gunst der Stunde nutzen und den Posten übernehmen.

Das sollte ein pauschaler Ausflug und Blick in die Menschenwelt sein, der Folgendes zeigen sollte: Strukturen mit Regeln und Freiraum sorgen in einer Gemeinschaft für Ruhe, eine von den Mitarbeitern akzeptierte Führungsrolle schafft Ordnung. Fazit: Jeder

weiß, wo er steht und wie die Rollen in der Gruppe verteilt sind. So kann man den Vergleich zu einem Familienverband von Hund und Mensch sehen.
Darüber hinaus wird nicht jeder Unternehmenschef in diese Führungsfunktion hineingeboren, sondern er entwickelt sich in diese Rolle. Dazu zählen Kommunikationstrainings („Wie sag ich's meinem Hund?") ebenso wie Mitarbeiterschulungen („Jetzt üben wir mal was"), um eine souveräne Führungskraft zu werden. Eins macht unser hypothetischer Unternehmenschef jedenfalls immer richtig, er lobt und bestärkt das, was gut läuft, und greift bei Fehlern sofort ruhig und konsequent ein. Als „Boss" hat er viele Privilegien, ihm gehören die besten Büros, und er darf alle Räume betreten, er kennt keine Tabuzonen. Über seinen einflussreichen Führungsanspruch wird mit ihm nicht diskutiert. Die Strategie ist klar – das Team um ihn herum agiert und er reagiert.
Wer welchen Weg im Unternehmen einschlägt, ist jedem selbst überlassen, aber eines steht fest: Da ein Hunde- und Menschenrudel ähnlich funktioniert wie ein Unternehmen, ist nur noch zu klären, wer welche Aufgaben übernimmt. Viel Spaß bei der Übernahme der Führungsrolle im Hinblick auf zufriedene Mitarbeiter …

Dank an ...

... die vielen zwei- und vierbeinigen Helfer! An Frau Alexandra Arnet, die mir als Hundetrainerin und Verhaltenstherapeutin aus der Schweiz mit tollem fachlichem Rat von Anfang an zur Seite stand. Für die langen, gedanklich kreativen Hundespaziergänge und die immer gewünschte kritische Meinung einer Hundefachfrau möchte ich mich bei Andi (Andrea Schmidt, Hundephysiotherapeutin, Verhaltenstherapeutin, Hundetrainerin) bedanken. Sybille Mende hat sich für Wort und Schriftzeichen eingesetzt. Die eifrigen Forscher, Wissenschaftler und Hundetrainer haben Berge an Literatur verfasst und für geballtes Wissen gesorgt, das die Bücherei Seelscheid mit Einsatz aus ganz Deutschland geordert hat. Frau Dr. Katja Trasch von der Klinik für Geburtshilfe, Gynäkologie und Andrologie der Groß- und Kleintiere (Justus-Liebig-Universität Gießen), danke ich für die schlüssige Erklärung des komplizierten Ablaufs der Läufigkeit beim Hund. Durch informative Gespräche unterstützte mich Frau Dr. Cora Zschucke von der Tierarztpraxis Mohs.
Der Mensch-Hund-Clique aus der Nachbarschaft, die immer für Spaß zu haben ist, möchte ich ebenso danken wie Oliver Buslau, der für den richtigen „Anfang“ sorgte. Aber auch meinen Freunden, die geduldig die Zeit des „Untertauchens“ abgewartet haben (Judith, Jochen, Ulrike, Marion, Hannelore, Nicola, Elmar, Christine, stellvertretend für den Reitverein Haus Waldeck, und viele mehr). Die klasse Illustrationen von Frau Remen begeistern mich immer wieder. Für die Unterstützung danke ich dem KOSMOS-Verlag Stuttgart

und dort besonders Frau Angela Beck und Frau Valeska Schwarz. Zu guter Letzt und doch an allererster Stelle danke ich meinem Mann Micha für die Monate, in denen sich alles nur um den Hund drehte, mit Banjou als treuem, geduldigem Vierbeiner an unserer Seite.

Kein einziges Tier der ganzen Erde ist der vollsten und ungeteilten Achtung, der Freundschaft und Liebe des Menschen würdiger als der Hund.

ALFRED BREHM

Service

Verwendete Quellen

Askew, Henry R.: Verhaltenstherapie des Hundes. Publikation der Akademie für Tiernaturheilkunde (ATN), Schweiz.

Blanché, Dr. Peter und Dr. Rolf Jaeger: Herdenschutzhunde. Gesellschaft zum Schutz der Wölfe e.V.

Hemmer, Helmut: Kosmopolit Hund – Haustier der Sonderklasse. Gesellschaft für Haustierforschung, Sonderheft 4, 1996.

Bloch, Günther: Der Familienbegleithund im modernen Hausstand. Westkreuz, Berlin/Bonn 2001.

Bloch, Günther: Der Wolf im Hundepelz. Kosmos, Stuttgart 2004.

Brunner, Dr. Ferdinand: Der unverstandene Hund. Naturbuch, Augsburg 1994.

Stracke, Petra: Rhodesian Ridgeback. Kosmos, Stuttgart 2006.

Coren, Stanley: Die Intelligenz der Hunde. Rowohlt, Hamburg 1997.

Coren, Stanley: Wie Hunde denken und fühlen. Kosmos, Stuttgart 2005.

Duden: Zitate und Aussprüche. Herkunft und aktueller Gebrauch. Dudenverlag 1993.

Feddersen-Petersen, Dorit: Fortpflanzungsverhalten beim Hund. Gustav Fischer, Jena 1994.

Feddersen-Petersen, Dr. Dorit: Hunde und ihre Menschen. Sozialverhalten, Verhaltensentwicklung und Hund-Mensch-Beziehung als Grundlage von Wesenstests. Kosmos, Stuttgart 2001.

Feddersen-Petersen, Dr. Dorit: Hundepsychologie. Sozialverhalten und Wesen, Emotionen und Individualität. Kosmos, Stuttgart 2004.

Führmann, Petra und Nicole Hoefs: Erziehungsspiele für Hunde. Kosmos, Stuttgart 2002.

Hammerschmidt, Kurt und Julia Fischer: Verhaltensphysiologie. Publikation der Akademie für Tiernaturheilkunde (ATN), Schweiz.

Hart, Benjamin und Lynette: Verhaltenstherapie bei Hund und Katze. Enke, Stuttgart 1991.

Hofmann, Bettina: Der Hund im Sprachgebrauch der Sudetendeutschen Mundarten. Collegium Carolinum, München 2003.

Penizek, Dorothea: Jack Russelll Terrier. Auswahl, Haltung, Erziehung, Beschäftigung. Kosmos, Stuttgart 1999.

Jones, Renate: Aggressionsverhalten bei Hunden. Kosmos, Stuttgart 2003.
KORA: Koordinierte Forschungsprojekte zur Erhaltung und zum Management der Raubtiere in der Schweiz, Dokumentation Wolf. Im Auftrag des BUWAL, 2005.
Liesegang, Dr. Annette: Was dem Menschen gefällt und schmeckt, ist noch lange nicht gesund für den Hund! Schweizer Hunde Magazin, Nr. 3/2005.
Mugford, Roger: Hunde auf der Couch, Kynos, Mürlenbach 1991.
Larson, Brian T.: Improved Glucose Tolerance with Lifetime Diet Restriction Favorably Affects Disease and Survival in Dogs. The Journal of Nutrition, 0022-3166/2003.
Parker et. al.: Extensive and breed-specific linkage disequilibrium in Canis familiaris. Washington 2004.
Pschyrembel, Klinisches Wörterbuch. Walter de Gruyter, Berlin 2004.
Reinhardt, Ilka: Wölfe in Deutschland. Wolf & Co. – 3rd International Symposium on Canids, 2005.
Schleger, Walter und Irene Stur: Hundezüchtung in Theorie und Praxis. Jugend und Volk, Wien 1990.
Sheldrake, Rupert: Der siebte Sinn der Tiere. Ullstein, Berlin 2001.
Streitferdt, Uwe: Mein kranker Hund. Gräfe und Unzer, München 1999.
Strom, Mary: Das große Jack Russelll Terrier Buch. Kynos, Mürlenbach 2006.
Struck, Eva: Parson Jack Russelll. Cadmos, Lüneburg 2000.
Suter, Peter und Barbara Kohn (Hrsg.): Praktikum der Hundeklinik. MVS Medizinverlage, Stuttgart 2006.
Trumler, Eberhard: Hunde ernst genommen. Piper, München 2002.
Trumler, Eberhard: Mensch und Hund, Kynos, Mürlenbach 1998.
Trumler, Eberhard: Mit dem Hund auf du. Piper, München 2004.
Trumler, Eberhard: Trumlers Ratgeber für den Hundefreund. Piper, München 2004.
Wachtel, Dr. Hellmuth: Blick in die Vergangenheit. Rassebestimmung und Abstammungsforschung beim Haushund, gestern, heute und morgen. Wolf & Co. – 3rd International Symposium on Canids 2005.
Wachtel, Hellmuth: Hundezucht 2000. Gollwitzer-Verlag, Weiden 1997.
Wiesner, Ekkehard und Regine Ribbek: Wörterbuch der Veterinärmedizin, Gustav Fischer, Jena 1991.
Wilcox, Bonnie und Chris Walkowicz: Kynos-Atlas Hunderassen der Welt. Kynos, Mürlenbach 2004.
Zimen, Erik: Der Wolf. Verhalten, Ökologie und Mythos. Kosmos, Stuttgart 2003.
Zimen, Erik: Ethologie des Hundes. Publikation der Akademie für Tiernaturheilkunde (ATN), Schweiz.
Zimen, Erik: Wölfe und Königspudel. Publikation der Akademie für Tiernaturheilkunde (ATN), Schweiz.
Zollinger, Simone: Der Dalmatiner. Schweizer Hunde Magazin, Nr. 3/2005.

Zum Weiterlesen

... finden Sie hier eine Auswahl an Hundebüchern aus dem KOSMOS-Verlag.

Hundehaltung

Eichelberg, Dr. Helga (Hrsg.): **Hundezucht.** Erfolgreich züchten auf Gesundheit, Leistung und Aussehen.
Genetik, Trächtigkeit und Geburt sowie rechtliche Fragen rund um die Zucht – alle Themen und Fragen werden ausführlich beantwortet.

Spangenberg, Dr. Rolf: **Der ältere Hund.** Ernährung und Pflege, Gesundheit und Fitness.
Beim älteren Hund können Handicaps und Erkrankungen auftreten – der kompetente Rat des bekannten Tierarztes hilft vorbeugend und bei konkreten Problemen.

Tammer, Isabell: **Hundeernährung.**
Alles über Füttermenge und -zeit sowie Diäten für junge und alte, gesunde und kranke Hunde.

VDH (Hrsg.): **Geschichte der Hunde.** Vom Kaiserreich bis heute. 100 Jahre VDH.
Einsatzbereiche des Hundes, Bedeutung in Film und Kunst, Geschichte der Hundemedizin und vieles mehr wird beleuchtet.

Hundesprache und Verhalten

Abrantes, Roger: **Hundeverhalten von A–Z.** Mimik und Körpersprache, Verhalten und Verständigung, Lautäußerungen und Kommunikation.
In 300 alphabetisch geordneten Begriffen wird die Sprache der Hunde erklärt. Mit über 280 Illustrationen.

Bailey, Gwen: **Was denkt mein Hund?** Hundeverhalten auf einen Blick.
Anhand typischer Fotos und erläuterndem Text wird nahezu jedes Verhalten anschaulich gezeigt und interpretiert.

Schöning, Dr. Barbara, Nadja Steffen und Kerstin Röhrs: **Hundesprache.**
Ein unentbehrlicher Sprachkurs für jeden Hundehalter: wie sich Hunde untereinander verständigen, wie sie mit Menschen kommunizieren und wie wir uns ihnen verständlich machen können.

Theby, Viviane: **Verstehe deinen Hund.** Kommunikationstraining für Hundehalter.
Anhand zahlreicher Übungen für Hund und Halter wird deutlich, wie Hunde wirklich lernen. Mit über 40 Cartoons.

Welpen

Lübbe-Scheuermann, Perdita und Frauke Loup: **Unser Welpe.** Auswahl und Eingewöhnung, Haltung, Pflege und Ernährung, Sozialisierung, Erziehung und Beschäftigung.
Damit Mensch und Hund einen gelungenen Start ins gemeinsame Leben finden, helfen die Autorinnen mit kompetentem Rat und praktischen Tipps bei der Eingewöhnung, Haltung und Erziehung.

Theby, Viviane: **Das Kosmos-Welpenbuch.** Entwicklung und Auswahl, Eingewöhnung und Welpenschule.
Wie man den passenden Welpen findet, ihn richtig sozialisiert und wie er in kleinen Erziehungsschritten lernt. Mit CD mit 12 Umweltgeräuschen zur sanften Gewöhnung.

Erziehung

Blenski, Christiane: **Hunde erziehen, ganz entspannt.**
Mit viel Spaß, Motivation und einfachen Problemlösungen verändern Sie Ihren Blickwinkel und gehen neue Wege. Ihr Hund wird Ihnen folgen, fröhlich und voller Vertrauen.

Führmann, Petra und Nicole Hoefs: **Erziehungsspiele für Hunde.**
Die Grundbefehle beherrscht Ihr Hund? Aber wie geht es weiter? Spielerische Übungen bringen Abwechslung in den Trainingsalltag. Mit witzigen Erziehungsspielen, auch für größere Gruppen, sind Hund und Halter immer wieder neu gefordert.

Hoefs, Nicole und Petra Führmann: **Das Kosmos Erziehungsprogramm für Hunde.**
Das Standardwerk für die erfolgreiche Hundeerziehung.

Jones, Renate: **Aggressiver Hund – was tun?** Schritt für Schritt zum braven Hund.
Aggressions-Auslöser gegenüber anderen Hunden oder Menschen werden erklärt. In anschaulichen Schritten wird gezeigt, wie ein entspannteres Verhältnis mit dem Hund entstehen kann.

Krauß, Katja: **Hunde erziehen mit dem Clicker.**
Kurz und übersichtlich: der richtige Umgang mit dem Clicker und seine vielfältigen Möglichkeiten im Training.

Mücke, Anke: **Zufrieden an der Leine.** Der Weg zum leinenführigen Hund.
Hier erfahren Sie, wie Sie Ihren Hund in einen leinenführigen Kameraden verwandeln und Leinenaggression in den Griff bekommen.

Winkler, Sabine: **So lernt mein Hund.**
Klar und verständlich erklärt Sabine Winkler, wie der Hund lernt, zum Lernen motiviert wird und Übungen vermittelt und gefestigt werden.

Spiel und Spaß

Blenski, Christiane: **Frische Spielideen für fröhliche Hunde.**
Ob mit Schwung oder mit Köpfchen, zu zweit oder mit Kindern, ob draußen oder im Wohnzimmer, hier sind über 50 Anleitungen für Spiele, die die Hundebegeisterung neu entfachen.

Nijboer, Jan: **Hunde beschäftigen mit Jan Nijboer.** Mit der Trendsportart Treibball.
Eine Vielzahl von neuen Beschäftigungsideen nach der Natural Dogmanship® Erziehungsmethode: Mit praktischen Schritt-für-Schritt-Anleitungen.

Rauth-Widmann, Brigitte: **Mit Hunden spielen.**
Die besten Spielideen, praxiserprobt für jede Jahreszeit, lassen alle Hundeherzen höher schlagen und sorgen für unbändigen Schwung und Freude bei Mensch und Hund.

Rassen

Hollensteiner, Dr. Horst: **Deutsche Dogge.** Auswahl, Haltung, Erziehung, Beschäftigung.

Krämer, Eva-Maria: **Der neue Kosmos-Hundeführer.** Mit allen 338 FCI Rassen und 100 zusätzlichen Rassen.

Krivy, Petra: **Herdenschutzhunde.** Vom Herdenbewacher zum Familienbegleiter. Aufzucht, Haltung und Erziehung.

Penizek, Dorothea: **Jack Russell Terrier.** Pflege, Haltung, Erziehung, Beschäftigung.

Räber, Dr. Hans: **Enzyklopädie der Rassehunde.** Ursprung, Geschichte, Zuchtziele, Eignung und Verwendung. 2 Bände.

Stracke, Petra: **Rhodesian Ridgeback.** Geschichte, Haltung, Ausbildung, Zucht.

Gesundheit

Becvar, Dr. Wolfgang: **Naturheilkunde für Hunde.** Grundlagen, Methoden, Krankheitsbilder.
So gut beraten kann jeder Hundebesitzer Naturheilverfahren selbst anwenden.

Buksch, Dr. med. vet. Martin: **Notfallapotheke für Hunde** – für unterwegs.
Bei Unpässlichkeiten und Notfällen. Ein Buch, das in jede Jackentasche passt.

Lausberg, Frank: **Erste Hilfe für den Hund.**
Kompetentes Nachschlagewerk zu allen Fragen rund um die Erste Hilfe. Mit vielen Tipps und Schritt-für-Schritt-Anleitungen.

Wolf, Dr.: **Tiersprechstunde für Hunde.**
Die Tipps aus Dr. Wolf's langjähriger Praxis, begleitend zur beliebten Fernsehsendung.

Register

Impressum
Mit 48 Schwarzweiß-Cartoons von Petra Remen.

Umschlag von eStudio Calamar unter Verwendung einer Farbzeichnung von Susanne Straßer.

Bibliografische Information der Deutschen Nationalbibliothek
Die Deutsche Nationalbibliothek verzeichnet diese Publikation in der Deutschen Nationalbibliografie; detaillierte bibliografische Daten sind im Internet über http://dnb.ddb.de abrufbar.

Alle Angaben in diesem Buch erfolgen nach bestem Wissen und Gewissen. Sorgfalt bei der Umsetzung ist indes dennoch geboten. Der Verlag und die Autorin übernehmen keinerlei Haftung für Personen-, Sach- oder Vermögensschäden, die aus der Anwendung der vorgestellten Materialien und Methoden entstehen könnten.

Unser gesamtes lieferbares Programm und viele weitere Informationen zu unseren Büchern, Spielen, Experimentierkästen, DVD, Autoren und Aktivitäten finden Sie unter **www.kosmos.de**

Gedruckt auf chlorfrei gebleichtem Papier

ISBN 978-3-440-10635-8
Projektleitung: Angela Beck
Redaktion: Valeska Schwarz
Gestaltung: TypoDesign, Kist
Produktion: Kirsten Raue, Eva Schmidt
Printed in The Czech Republic / Imprimé en République Tchèque

Hunde aus dem Süden

Claudia Ludwig
Straßenhunde suchen ein Zuhause
128 Seiten, ca. 100 Farbfotos
€/D 12,95
€/A 13,40; sFr 23,–
Preisänderung vorbehalten
ISBN 978-3-440-10637-2

- Claudia Ludwig, bekannt aus der Sendung „Tiere suchen ein Zuhause", berichtet von ihren Erfahrungen, die sie in den Heimatländern dieser Hunde gesammelt hat
- Mit vielen praktischen Tipps, wie man die ehemaligen Streuner in den häuslichen Alltag integriert

www.kosmos.de

KOSMOS